肉兔
标准化养殖
操作手册

畜禽标准化生产流程管理丛书

丛书主编　印遇龙　武深树

主　　编　欧阳昌勇　黄杰河

副 主 编　向秀媛　何振华　欧阳静

编　者　宋 果　欧阳英　李家辉

　　　　　刘积平　刘天猛　郑乐亮

U0266130

CTS K 湖南科学技术出版社

前　言

自 20 世纪 90 年代以来，我国肉兔养殖产业进入发展的快车道。中国兔肉产量占世界总产量的比重从 1990 年的约 10％增长至 2009 年的 42.55％。2009 年，中央将兔产业纳入现代农业产业技术体系，各地政府也纷纷出台多项政策，扶持兔产业的发展。2012 年底，全国存栏肉兔 2.22 亿只，当年出栏肉兔 4.88 亿只，兔肉产量达到 76.1 万 t，占世界总产量的 45％以上，兔业总产值约为 380 亿元。近年来，我国肉兔规模化养殖发展迅速，肉兔产业正在向规模化、标准化和健康养殖方向发展。但从总体上看，我国的肉兔养殖仍然存在标准化程度低、生态环保意识不强、科学防疫和合理用药意识淡薄等问题。针对当前肉兔养殖中存在的问题，编著一本简单实用、通俗易懂、操作性强的肉兔养殖书籍，对提高我国肉兔标准化养殖技术水平具有重要的现实意义。

肉兔养殖的标准化就是要为肉兔营造一个良好的、有利于快速生长的生态环境，提供充足的全价营养的饲料，使其在生长发育期间最大限度地减少疾病的发生，在生产安全放心食用产品的同时最大限度地减少对周边环境的污染。

本书组织湖南省肉兔养殖主产区生产一线的专家编写，通过通俗易懂的文字、简洁实用的图表、科学的流程，系统介绍了规律兔场的标准化建设。品种选育标准化操作、饲料质量标准化管理、肉兔饲养标准化操作流程、肉兔疾病防控的标准化操作流程、粪便处理标准化操作流程，具有较强的实用性与可操作性，是肉兔规模养殖场生产人员、技术人员和管理人员难得的学习参考用书。

本书编写过程中，参阅和引用了有关肉兔养殖书籍、报纸杂志、专家课件的一些资料，在此一并表示衷心感谢！由于编者水平有限，加上时间仓促，书中不可避免地存在许多不足之处，恳请广大同行和读者朋友批评指正。

编　者
2016 年 11 月

目 录

第一章　规模兔场的标准化建设

第一节　规模兔场的规划管理

一、规模兔场的选址

兔场选址时，既要考虑地势、土质、风向、水源、电力等自然因素，又要注意交通、居民区、工厂等社会及生物安全因素；既要考虑方便生产和疫病防治，又要考虑环境友好、健康和谐。规模肉兔养殖场的选址应达到以下要求：

1. 符合动物防疫条件要求

《动物防疫法》明确规定，兴办养殖场应当符合动物防疫条件并取得"动物防疫条件合格证"。因此，新建规模肉兔养殖场必须距离生活饮用水源地、动物屠宰加工场所、动物和动物产品集贸市场 500 m 以上，距离种畜禽场 1000 m 以上，距离动物诊疗场所 200 m 以上，动物饲养场（养殖小区）之间的距离不少于 500 m，距离动物隔离场所、无害化处理场所 3000 m 以上，距离城镇居民区、文化教育科研等人口集中区域及公路、铁路等主要交通干线 500 m 以上。

2. 符合当地土地利用总体规划和畜牧业区域发展规划要求

规模养殖场选址应当符合当地土地利用总体规划和畜牧业区域发展规划要求，不得在当地城镇规划区、生态保护区、风景名胜区等禁止养殖区建设肉兔规模养殖场。

3. 有满足正常生产需求的土地、电力、水源供应，交通便利

（1）土地。面积应当满足生产生活需要，并适当预留发展空间。肉兔规模养殖场兔舍总建筑面积一般按照一只母兔及其仔兔占地 1.5 m² 计算，规划占地面积可以按照每只基础母兔 8~10 m² 计算。兔场还应有足够的生产辅助用房和办公生活用房，有一定的青绿饲料种植区。

（2）电力。应有稳定的电力供应，电力线路负荷应与生产规模相适应，一般负荷等级应达到三级。除有电力企业方便稳定的电力供应外，还应自备发电设备，以备不时之需。

（3）水源。较理想的水源是自来水和卫生达标的深井水；江河湖泊中的流动活水，只要未受生活污水及工业废水的污染，稍作净化和消毒处理，也可作为生产生活用水。

水源水质应符合 NY5027—2008《无公害食品　畜禽饮用水水质》标准要求，其安全指标见表 1-1。

表 1-1　　　　畜禽饮用水水质安全指标（NY5027—2008 附表）

项　目		标准值	
		畜	禽
感官性状和一般化学指标	色度	≤30°	
	浑浊度	≤20°	
	臭和味	不得有臭味和异味	
	总硬度（以 CaCO$_3$ 计）（mg/L）	≤1500	
	pH 值	5.5～9	6.5～8.5
	溶解性总固体（mg/L）	≤4000	≤2000
	硫酸盐（以 SO$_4^{2-}$ 计）（mg/L）	≤500	≤250
细菌学指标	总大肠菌群（MPN/100 mL）	成年 100，幼畜 10	10
毒理学指标	氟化物（以 F$^-$ 计）（mg/L）	≤2.0	≤2.0
	氰化物（mg/L）	≤0.20	≤0.05
	砷（mg/L）	≤0.20	≤0.20
	汞（mg/L）	≤0.01	≤0.001
	铅（mg/L）	0.10	≤0.10
	铬（六价）（mg/L）	0.10	≤0.05
	镉（mg/L）	≤0.05	≤0.01
	硝酸盐（以 N 计）（mg/L）	≤10.0	≤3.0

水量要能够满足日常生产生活需要。一般按职工生活用水每人每天20～40 L、兔的用水每只每天消耗 3 L 计算整个兔场用水量。如采用水冲清粪系统，则需要按兔每只每天 3～5 L 另行计算水量。

（4）交通。应有专用道路与县乡道路直接相连，方便饲料调运和肉兔销售。

4. 有较好的自然地理条件

（1）地形地势。地势高燥，地下水位在 2 m 以下。地质稳定，无断层、非滑坡、塌方的地段。地形整齐开阔，不过于狭长和有过多边角。同时，山坳、谷地及西北方向风口也不宜建场。可以利用自然地形地物如林带、山岭、河沟等作为场界和自然屏障。

（2）土质选择。在选择兔场场址时，应选用适于建造兔场的土壤。沙壤土透水性、透气性良好，持水性小，雨后不会过于潮湿、泥泞，易于保持土壤适当的干燥，自净能力也较强，可防止病原菌、寄生虫卵、蚊蝇等生存和繁殖；土温比较稳定，对家兔的健康、卫生防疫、绿化种植等都比较好，适于作兔舍建筑地基。

5. 符合环境友好要求

（1）加强环境绿化，改善场区内的小气候。

（2）不向河流、池塘、水库等天然水体直接排放污水。

（3）加强粪污处理利用，减少对周边环境的污染。

（4）建场要远离工业污染区、矿区及机场、铁路等，以避免工业"三废"、粉尘、噪声等对肉兔养殖的不利影响。

二、规划与布局

兔场的规划和总体布局是一项非常重要的工作，要综合考虑各种因素，做出科学合理的安排。

1. 功能分区

（1）分区的基本原则

1）兔场各种房舍和设施的分区规划，应从人和兔保健的角度出发以及从有利于防疫、有利于组织安全生产出发，以建立最佳生产联系和卫生防疫条件，合理安排不同功能区的建筑物。

2）考虑地势和常年主导风向进行合理分区，通常按图 1-1 所示顺序安排。

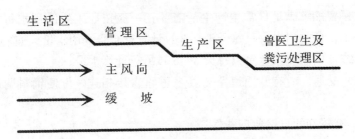

图 1-1　兔场功能分区配置示意图

3）应根据兔场规模大小，保证生产区与生活区、管理区保持 30～300 m 的距离，与兽医卫生及粪污处理区保持 50～500 m 的距离。

（2）房舍的分区规划

规模兔场一般分成生活区、管理区、生产区、兽医卫生及粪污处理区四大块。

1）生活区：主要包括职工宿舍、食堂等生活设施。其位置可以与生产区平行，靠近管理区，但必须在生产区的上风向和地势较高地段，距生产区 30 m 以上。

2）管理区：主要包括办公楼、维修间、配电室、供水设施、车库等。管理区应靠近兔场大门，并和生产区严格分开，外来人员只能在管理区活动，不得进入生产区。管理区应设在靠近交通干线、输电线路的位置，距生产区 30 m 以上。

3）生产区：包括各类兔舍和有关生产辅助设施，建筑房舍有种兔舍、幼兔舍和育成兔舍以及饲料加工房舍、饲料仓库等，是兔场的核心。为了防止生产区的气味影响生活区、管理区，生产区应与生活区、管理区并行排列并处偏下风位置。生产区内部应按种兔舍→繁殖兔舍→幼兔舍→育成兔舍的顺序排列，并尽可能避免运料路线与运粪路线的交叉。

4）兽医卫生及粪污处理区：主要包括兽医诊断室、病兔隔离舍、病死兔无害化处理池以及粪污处理设施等，应设在生产区、管理区和生活区的下风向，距离生产区至少 50 m 以上，以保证整个兔场的安全。

2. 合理布局

场址选定以后，应根据兔场的任务、养兔的规模大小、饲养工艺要求、粪尿处理以及当地的地形、自然环境等具体情况，确定各种建筑物的种类、形式、面积和数量，在此基础上综合考虑建筑物之间的功能关系、小气候的改善、卫生防疫、防火和节约占地等，根据实际情况确定兔场的总体布局。某兔场总体布局见图1-2。

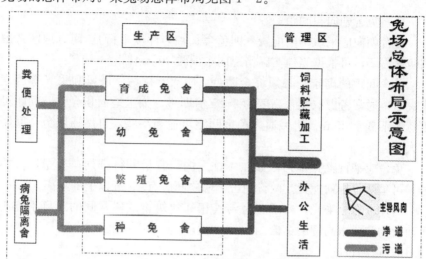

图1-2　兔场总体布局示意图

（1）根据生产环节确定房舍之间的最佳生产联系

兔场的生产过程包括的环节大致如下：种兔的饲养与繁殖，幼兔的培育，商品兔生产群的饲养管理，饲料的加工、调制与分类，兔舍的清扫，粪污的清除与处理，疫病的防治。以上过程在不同建筑物中进行，彼此发生功能联系，需统筹安排，否则将影响生产的顺利进行，难以组织有效的生产，甚至造成无法克服的后果。

在确定每栋房舍设施的位置时，应主要考虑它们彼此之间的功能联系，即建立最佳的生产联系和卫生防疫条件，将相互有关的、联系密切的建筑物和设施相互靠近，做到既有利于生产的联系又有利于卫生防疫。

为了减轻劳动强度，便于实现生产过程机械化，提高劳动效率，建筑物之间的功能联系尽量做到紧凑配置，以保证最短的运输、供电、供水线路。

饲料库、饲料加工调制间等，应尽量靠近或集中在一个或几个建筑内，并应靠近消耗饲料最多的兔舍，以便于组织流水作业和实现生产过程的机械化。

饲料库和贮粪场与每栋兔舍都发生联系，应考虑到净道和污道的布置，为相反的方向或偏角的位置，并尽量使其与各兔舍保持最短线路距离。

（2）兔舍朝向与间距

兔舍朝向应采取南向配置（即兔舍长轴与纬度平行）。南方地区考虑到防暑需要，可根据当地实际情况向东偏转 $10°\sim15°$。

兔舍间距的确定，必须综合防疫、防火、排污、通风和采光等因素来决定，通常考虑取兔舍高度的 $3\sim5$ 倍即可。如土地面积允许，间距可以考虑不低于 20 m。机械通风兔舍间距可适当小些，自然通风兔舍间距应大些。

兔舍应平行整齐排列，如在 4 栋之内，宜呈一行排列；当超过 4 栋时，可呈两行排列配置。两行兔舍端墙之间应有 15 m 以上的距离。

为保证充分采光，要求兔舍与其相邻建筑物或树木间的距离不能小于建筑物和树木高度的 2 倍。

3. 道路设施

规模养兔场与外界需有专用道路连通，场前区的道路和隔离区的道路应分别设立与场外相通的道路，且不能直接与生产区的道路相连。

场区内道路是场区内建筑物之间、建筑物与建筑设施之间、场内外之间联系的纽带，要求道路直而线路短，以保证场内各生产环节保持便利的联系。

场区内道路应区分为运送饲料、产品和用于生产联系的净道，以及运送病死兔、粪污的污道。净道和污道不得交叉或混用，以有利于防疫。为了保证净道不受污染，在布置道路时可按梳状分布，道路末端只到兔舍，不再延伸，更不可与污道贯通。净道和污道以草坪、沟渠、池塘或者矮小灌木林带相隔。隔离区必须有单独的道路。

兔场道路的宽度要考虑场内车辆的流量，主要着重于主干道（即行车道）。主干道因与场外运输线路相连接，其宽度要保证顺利会车，以 $5.5\sim6$ m 为宜。支干道与饲料库、兔舍、兽医治疗室、贮粪场等连接，一般不行驶载重车辆，其宽度一般为 3 m 左右。

场内道路应坚实、不透水，路面应具有一定的坡度，向一侧倾斜或由路中心向两侧倾斜，以利于排水。道路两侧应植树绿化。

第二节 规模兔场的建设管理

一、建筑类型

采用何种兔舍建筑形式和结构，主要取决于当地地理气候条件、饲养目的、饲养方式、饲养规模、当地建筑材料的便捷性及经济承受能力等。小规模副业性质的养兔可采用简单的兔舍建筑形式，也可利用旧棚舍或闲置的房屋进行散养或圈养；规模化养兔一般建造比较规范的兔舍，实行笼养，以便于日常管理，提高生产效率和经济效益。

（一）按兔舍的密封程度划分

1. 封闭式兔舍

四周有墙，上有屋顶，依靠门、窗或通风管道通风换气，舍内外空气环境差异较大。其优点是具有较好的保温隔热能力，便于人工控制舍内环境和人工管理，可防兽害。缺点是由于墙壁和屋顶等围护结构形成封闭状态，舍内的水汽、有害气体浓度较高，若不能进行有效通风，易发生呼吸道疾病。此种兔舍是目前我国各地应用最多的一种。

2. 开放式兔舍

只有一面有墙，上有屋顶，正面（向阳面）敞开或设有遮阳网。其特点是通风好，有利于采光，保持舍内空气清新，管理方便，造价较低，但舍内温度因舍内空气流动性强而受到外界气温的影响较大，不便于进行环境控制，防寒能力较差，不利于防兽害。适于气候较温暖地区。

3. 半开放式兔舍

两面或三面有墙，上有屋顶，正面（向阳面）设有半截墙，为防止兽害的侵袭，在半截墙之上可安装丝网或遮阳布。为了提高其实用效果，在冬季为加强保温，可封上活动式的塑料膜；为夏季有利于通风，在后墙设窗户。此种类型兔舍通风、采光较好。舍内空气新鲜，有一定的防寒能力，因此，适于冬季不太冷、夏季不太热的地区。

4. 棚式兔舍

四周无墙，只有舍顶，靠立柱支撑。其特点是防止日晒、减少辐射热，保持空气流通等，是一种防暑的有效形式，同时舍内空气新鲜，光照充足，结构简单，投资少，造价低。但此类兔舍四周无墙壁，不利于防兽害，由于屋顶隔绝了太阳辐射，使棚内得不到上面来的热量，而四周义是完全敞开的，对寒流的侵袭没有防御能力。因此，仅适于冬季不太冷或四季如春的地区。

（二）按舍内兔笼的排列划分

1. 单列式兔舍

室外单列式兔舍的兔笼正面朝南，兔舍采用砖混结构，为单坡式屋顶，前高后低，屋檐前长后短，屋顶采用水泥预制板或波形石棉瓦，兔笼后壁用砖砌成，并留有出粪口，承粪板为水泥预制板。为了适应露天条件，兔舍地基宜高些，兔舍前后最好要有树木遮阳。这种兔舍的优点是造价低，通风条件好，光照充足；缺点是不易遮风挡雨，冬季幼兔繁殖有困难。

室内单列式兔舍四周有墙，南北墙有采光通风窗，屋顶形式不限，兔笼列于兔舍内的北面，笼门朝南，兔笼与南墙之间为工作走道，兔笼与北墙之间为清粪道，南北墙距地面 20 cm 处留对应的通风孔。这种兔舍的优点是冬暖夏凉、通风良好、光线充足，缺点是兔舍利用率低。

2. 双列式兔舍

室外双列式兔舍通常是两排兔笼面对面排列，两列兔笼的后壁就是兔舍的两面墙体，两列兔笼之间为工作走道，粪沟在兔舍的两面外侧。兔笼结构与室外单列式兔舍基本相同。与室外单列式兔舍相比，这种兔舍保暖性能较好，饲养人员可在室内操作，但缺少光照。

室内双列式兔舍可分为两种形式：一种是两列兔笼背靠背排列在兔舍中间，两列兔笼之间为清粪沟，靠近南北墙各一条工作走道；另一种是两列兔笼面对面排列在兔舍两侧，两列兔笼之间为工作走道，靠近南北墙各有一条清粪沟。同室内单列式兔舍一样，南北墙有采光通风窗，接近地面处留有通风孔。这种兔舍室内温度易于控制，通风透光良好，但朝北的一列兔笼光照、保暖条件较差。由于空间利用率高，饲养密度大，在冬季门窗紧闭时有害气体浓度也较高。

3. 多列式兔舍

舍内兔笼沿纵轴布置三列或三列以上的兔舍，如四列三层式、四列阶梯式、四列单层式、六列单层式、八列单层式等。屋顶为双坡式，其他结构与室内双列式兔舍大致相同，只是兔舍的跨度加大，一般为 8～12 m。这类兔舍的最大特点是空间利用率高，缺点是通风条件差，室内有害气体浓度高，湿度比较大，需要采用机械通风换气。

多列式兔舍放置兔笼以单层或双层为宜，否则，兔笼层数多，不利于通风和采光。该兔舍一般适用于生产规模较大的兔场。

二、功能要求

由于养兔规模、饲养目的、生产方式、地域差别、资金投入等因素的影响，兔舍设计与建筑形式多种多样，但在兔舍设计与建筑时都必须满足其基本功能要求。

（1）应符合家兔生活习性，有利于生长发育及生产性能的提高；便于饲养管理和提高工作效率；有利于清洁卫生，防止疫病传播。

（2）兔舍形式、结构、内部布置必须符合不同类型和不同用途家兔的饲养管理和卫生防疫要求，也必须与不同的地理条件相适应。

（3）兔舍建筑材料，特别是兔笼材料要坚固耐用，防止被兔啃咬损坏；在建筑上应有防止家兔打洞逃跑的措施。

（4）家兔胆小怕惊，抗兽害能力差，怕热，怕潮湿。因此，在建筑上要有相应的防雨、防潮、防暑降温、防兽害及防严寒等措施。

（5）兔舍地面要求平整、坚实，能防潮，舍内地面要高于舍外地面20～25 cm；室内墙壁、水泥预制板兔笼的内壁、承粪板的承粪面要求平整光滑，易于清除污垢及清洗消毒。

（6）兔舍窗户的采光面积为地面面积的15%。兔舍门要求结实、保温、防兽害，门的大小以方便饲料车和清粪车的出入为宜。

（7）兔舍内要设置排水系统。排粪沟要有一定坡度，打扫和用水冲刷时能将粪尿顺利排出舍外。

（8）为了防疫和消毒，在兔场和兔舍入口处应设置消毒池，并且要方便更换消毒液。

（9）保证舍内通风。我国南方炎热地区多采用自然通风，北方寒冷地区在冬季采用机械通风。自然通风适用于小规模养兔场。机械通风适用于养殖规模较大的兔场。

三、结构要求

1. 兔舍高度、跨度与长度

兔舍高度一般以净高 2.5～2.8 m 为宜，炎热地区应加大净高 0.5～1 m。单列式兔舍跨度不大于 3 m，双列式 5 m 左右，四列式 8～10 m。多列式兔舍跨度不宜过大，一般在 10～12 m 以内为宜。兔舍长度一般控制在 50 m 以内。

2. 地基

地基即兔舍的地下部分,应具备坚固、耐火、抗机械作用及防潮、抗震、抗冻能力。一般基础比墙宽 25～40 cm。基础的埋置深度应根据兔舍的总荷载、地基的承载力、土层的冻胀程度及地下水等情况确定。尽量避免将基础埋设在地下水中。

3. 墙体

目前建造兔舍多用砖砌墙,砌筑的墙体保温性能较好,坚固耐用,还可防兽害,比较理想。封闭式兔舍墙体可砌成 18 cm 或 24 cm 厚,开放式或半开放式兔舍墙体砌成 12 cm 或 6 cm 厚即可。在墙内表面抹上混合灰浆并将墙刷白,以便于消毒和增强光照。

4. 地面

以水泥地面为好,要求平整、坚实,能防潮。舍内地面要高于舍外地面 20～25 cm,舍内走道两侧要有坡面,以免水及尿液滞留在走道上;室内墙壁、水泥预制板兔笼内壁、承粪板的承粪面要求平整光滑,易于清除污垢和清洗消毒。

5. 门窗

兔舍的门要结实、严密、保温性好并能防兽害,宽度一般为 1.2～1.5 m 或根据进出车辆宽度而定,高度不得低于 2 m。窗户采光面积应达到地面面积的 10%～15%,阳光入射角不低于 25°～30°,透光角不少于 5°。炎热地区窗户面积要大,而且做成全开扇,夏天敞开,以利于通风;寒冷地区窗户面积可小些,可设置固定扇与开扇相结合,打开部分窗扇即可满足夏季通风要求。现代工厂化养兔多用无窗兔舍,实行全封闭,通风、采光全部由人工控制,创造兔最理想的生活环境,但投资成本较大。

6. 屋顶

屋顶要因地制宜、就地取材,根据当地气候条件考虑隔热与保温问题。屋顶要有一定的坡度,尤其在多雨或积雪地区,坡度要略大些。

7. 过道

一般是用于通行和喂料的通道,以多列式兔舍为例,一般主要通道为 1.2～1.5 m,辅助通道为 0.6～0.8 m。

8. 排水沟

排水沟是指兔场专门用于排放雨水等的设施。应根据兔场规模大小设计宽度、深度和坡度,同时在主排水沟应有沉淀池。排水沟的截面一般为上宽下窄的梯形，上口宽 30～60 cm，沟底有 1‰左右的坡度使水流畅通。

9. 粪尿沟

粪尿沟是指舍内排放粪尿和冲洗圈舍用水的通道，可直接流入沉淀池或沼气池。粪尿沟应当根据兔笼排列情况设置，沿兔舍纵向布置。同时应有一定坡度，以 1‰～1.5‰为宜。常见的清粪方式有人工清粪式、机械清粪式和水冲式三种。大中型规模兔场建议采用水冲式清粪系统，其清粪效率较高，污染面较小。水冲式粪尿沟与机械清粪式粪尿沟截面图分别见图 1-3、图 1-4。

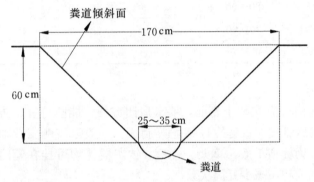

图 1-3　水冲式粪尿沟截面图

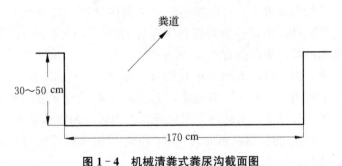

图 1-4　机械清粪式粪尿沟截面图

第三节　规模兔场的设施管理

一、兔笼

兔笼是养兔生产中不可缺少的设备，它在某种意义上与兔舍同等重要。

1. 设计要求

兔笼大小应以保证肉兔能在笼内自由活动为原则,一般以种兔体长为尺度,笼长为体长的 1.5～2 倍,笼宽为体长的 1.3～1.5 倍,笼高为体长的 0.8～1.2 倍。建议参照表 1-2 执行。

表 1-2 兔笼设计规格

品种类型	宽度(cm)	深度(cm)	前高(cm)	后高(cm)
大型品种	80～90	55～60	45	40
中型品种	70～80	50～55	35	30
小型品种	60～70	50	30	25

2. 结构

(1) 笼门。应安装于笼前,要求启闭方便,能防兽害、防啃咬。可用竹片、打眼铁皮、镀锌冷拔钢丝等制成。一般以右侧安转轴,向右侧开门为宜。为提高工效,草架、食槽、饮水器等均可挂在笼门上,以增加笼内使用面积,减少开门次数。

(2) 笼壁。一般用水泥板或砖、石等砌成,也可用竹片或金属网钉成,要求笼壁保持平滑,坚固防啃,以免损伤兔体和钩脱兔毛。如用砖砌或水泥预制件,需预留承粪板和笼底板的搁肩(3～5 cm);如用竹木栅条或金属网条,则以条宽 1.5～3 cm,间距 1.5～2 cm 为宜。

(3) 承粪板。可以采用水泥预制件,厚度为 2～2.5 cm,能防漏防腐,便于清理消毒。在多层兔笼中,上层承粪板即为下层的笼顶。为避免上层兔笼的粪尿、污水溅污下层兔笼,承粪板应向笼体前伸 3～5 cm,后延 5～10 cm,前后倾斜角度为 10°～15°,以便粪尿经板面自动落入粪沟,利于清扫。

(4) 笼底板。一般用竹片、塑料或镀锌冷拔钢丝制成,要求平而不滑,坚固且有一定弹性,宜设计成活动式,以利于清洗、消毒或维修。如用竹片钉成,要求条宽 2.5～3 cm,厚 0.8～1 cm,间距 1～1.2 cm。竹片钉制方向应与笼门垂直,以防打滑使兔脚形成向两侧划水的姿势。

3. 笼层高度

兔笼以 3 层为宜,采用水泥预制件或砖砌筑的三层兔笼,总高度应控制在 2 m 以下。目前国内常用的多层兔笼,一般由 3 层组装排列而成,其高度为 1.5 m，四层金属兔笼的高度为 1.6 m。兔笼最底层的离地高度应在 25 cm 以上，以利于通风、防潮及打扫卫生，使底层兔亦有良好的生活环境。

4. 种类

（1）水泥预制件兔笼。我国南方各地多采用水泥预制件兔笼，这类兔笼的侧壁、后墙和承粪板都采用水泥预制件组装而成，配以竹片笼底板和金属或木制笼门。主要优点是耐腐蚀，耐啃咬，适于多种消毒方法，坚固耐用，造价低廉。缺点是通风隔热性能较差，移动困难。

（2）砖石制兔笼。采用砖、石、水泥或石灰砌成，是我国南方各地室外养兔普遍采用的一种类型，起到了笼舍结合的作用，一般建造 2 层或 3 层。主要优点是取材方便，造价低廉，耐腐蚀，耐啃咬，防兽害，保温、隔热性能较好。缺点是通风性能差，不易彻底消毒。

（3）金属网兔笼。一般采用镀锌冷拔钢丝焊接而成，也有使用不锈钢材料制作的，适用于工厂化养兔和种兔生产。主要优点是通风透光，耐啃咬，易消毒，使用方便。缺点是容易锈蚀，造价较高。如无镀锌层则锈蚀更为严重，且易污染兔毛，又易引起脚皮炎。适宜于室内养兔或比较温暖的地区使用，目前较大规模养殖场多采用金属网兔笼。

（4）竹（木）制兔笼。在山区竹木用材较为方便，兔子饲养量较少的情况下可采用竹（木）制兔笼。其优点是可就地取材，价格低廉，使用方便，移动性强，且有利于通风、防潮、维修，隔热性能较好。缺点是容易腐烂，不耐啃咬，难以彻底消毒，不宜长久使用。

5. 形式

兔笼形式按状态、层数及排列方式等可分为平列式、重叠式、阶梯式 3 种。目前我国农村养兔以重叠式固定兔笼为主。

（1）平列式。兔笼均为单层，一般采用竹木或镀锌冷拔钢丝制成，又可分单列活动式和双列活动式两种。主要优点是有利于饲养管理和通风换气，环境舒适，有害气体浓度较低。缺点是饲养密度较低，仅适于饲养繁殖母兔。

（2）重叠式。这类兔笼在肉兔生产中使用广泛，多采用水泥预制件或砖木结构组建而成，一般上下叠放 2～3 层笼体，金属重叠式兔笼则为 3～4 层，层间设承粪板。主要优点是通风采光良好，占地面积小。缺点是清扫粪便困难，有害气体浓度较高。

（3）阶梯式。这类兔笼一般由镀锌冷拔钢丝焊接而成，根据组装排列位置的不同，可分为全阶梯式和半阶梯式两种类型。

① 全阶梯式。上、下层笼体完全错开，不需设承粪板，粪便、污水直接落入笼下的粪沟内。主要优点是饲养密度较平列式高，兔舍利用率高，通风透光良好，适于二层排列和机械化管理。缺点是占地面积较大，手工清扫粪也较困难，适于机械清粪的兔场应用。

② 半阶梯式。上、中、下层兔笼部分重叠，仅重叠处设承粪板，以免上层家兔排出的粪尿、污水对下层造成污染。这种排列方式缩短了层间兔笼的纵向距离。因此，较全阶梯式饲养密度大，兔舍的利用率高，既便于手工操作，又适于机械化管理。

6. 兔笼安装

金属阶梯式兔笼安装见图1-5，单位为毫米（mm）。

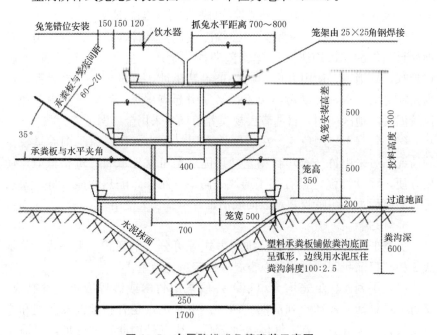

图1-5　金属阶梯式兔笼安装示意图

二、饮水设备

一般家庭养兔可就地取材，可用陶制食槽、水泥食槽等作盛水器。这种饮水器价格低，易于清洗，但容易被兔脚爪或粪尿污染，每天至少需要加一次水，比较费时费工。有一定规模的养兔场大多采用专用饮水器。

乳头式自动饮水器采用不锈钢或铜制作，其工作原理和构造与鸡用乳头式自动饮水器大致相同。饮水器与饮水器之间用乳胶管及三通相串联，进水管一端接在水箱，另一端则予以封闭。这种饮水器使用时比较卫生，可节省喂水的工时，但也需要定期清洁饮水器乳头，以防结垢引起漏水。

三、草架

为防止饲草被兔踩踏污染，节省饲草，一般采用草架喂草。草架的制作比较简单，用木条、竹片钉成"V"形，木条或竹片之间的间隙为3~4 cm，草架两端底部分别钉上一块横向木块，用以固定草架，以便平稳放置在地面上，供散养兔或圈养兔食草用。笼养兔的草架一般固定在兔笼前门上，亦呈"V"形，草架内侧间隙为4 cm，外侧为2 cm，一般用金属丝制成。

四、食槽

兔用食槽有很多类型，有简易食槽、翻转食槽，也有自动食槽。因制作材料的不同，又有竹制食槽、陶制食槽、水泥食槽、铁皮食槽、塑料食槽之分。配置何种食槽，主要根据兔笼形式而定。

1. 简易食槽

最常用的为圆形陶制食槽，食槽口径14 cm左右，底部直径17 cm左右，高5 cm左右，食槽剖面呈梯形，这样可防止食槽被兔掀翻。这种食槽的最大优点是清洗方便，同时也可作水槽使用。也可将粗竹筒劈成两半，除去节，两端分别钉在两块梯形木块上，使之不易翻倒。梯形木块上端宽10 cm左右，底边宽16 cm左右，高6 cm左右，食槽的长度可任意确定。

2. 翻转式食槽

用镀锌铁皮制作，形状有多种。食槽底部焊接一根钢丝，伸出两端各2 cm左右（用作转轴），卡在笼门食槽口的两侧卡口内，用于翻转食槽。食槽外口的宽度大于笼门的食槽口，防止食槽全部翻转到兔笼里边。喂料后，将安装在食槽口上方的活动卡子卡住食槽即可。这样的食槽拆卸比较方便，喂料无需打开笼门。

3. 自动食槽

用镀锌铁皮制作或用工程塑料模压成型。自动食槽兼有喂料及贮料的功能，每加料一次，够兔几天采食，多用于大型兔场及工厂化养兔场。食槽由加料口、采食口两部分组成，多悬挂于笼门外侧，笼外加料，笼内采食。食槽底部均匀地分布着小圆孔，以防颗粒饲料中的粉尘被吸入兔的呼吸道而引起咳嗽和鼻炎。这种食槽使用时省时省工，但造价较高，对兔饲料的调制类型有限制。

五、产仔箱

产仔箱又称巢箱，供母兔筑巢产仔用，也是 3 周龄前仔兔的主要生活场所。通常在母兔接近分娩时放入笼内或挂在笼外。产仔箱的制作材料有木板、纤维板和塑料等。

1. 悬挂式产仔箱

悬挂式产仔箱应采用保温性能好的发泡塑料、轻质金属等材料制作。产仔箱悬挂于金属兔笼的前壁笼门上，在与兔笼接触的一侧留一个大小适中的方形缺口，缺口的底部刚好与笼底板一样平，以便母兔、仔兔出入。产仔箱上方加盖一个活动盖板。这种产仔箱模拟洞穴环境，适于母兔的习性。同时，产仔箱悬挂在笼外，不占笼内面积，管理非常方便。

2. 平口产仔箱

用 1 cm 厚的木板钉制，上口水平，箱底可钻一些小孔，以利于排尿、透气。其规格一般为 30 cm×40 cm×15 cm，不宜做得太高，以便母兔跳进跳出。产仔箱上口四周必须制作光滑，不能有毛刺，以免损伤母兔乳房，导致乳房炎。这种产仔箱制作简单，适合于家庭养兔场采用。

3. 月牙状缺口产仔箱

采用木板钉制，其高度一般为 28 cm，高于平口产仔箱。产仔箱一侧壁上部留一个月牙状的缺口，以供母兔出入。

4. 金属子母笼（双笼位）

双笼位金属子母笼是近年来被众多规模养兔场采用的一种笼具，有逐渐取代单纯种母兔笼的趋势。这种兔笼将母兔和仔兔分别饲养在各自的笼内，中间用木制产仔箱隔开，产仔箱两侧各有一个圆孔，大圆孔通向母兔笼，小圆孔通往仔兔笼。子母笼中间的带推拉的小门可以很好地把母兔与仔兔分开，平时推拉门关闭，哺乳时由饲养员打开推拉门供母兔自由出入产仔箱，哺乳完毕立即将门关好，这样不仅可提高仔兔成活率，也能让母兔得到较好休息。

六、清粪设备

较大规模的兔场多采用机械清粪或冲水式清粪，以减轻劳动强度，减少人力成本，小规模兔场则采用人工清粪。因此，使用的清粪设备各不相同，主要有圆铲、手推车、刮粪板、扫帚等。

七、饲料加工设备

兔饲料加工设备主要包括饲料粉碎机、饲料混合机、饲料压粒机三类。

1. 饲料粉碎机

饲料中的谷物饲料、矿物饲料、油饼、干草等饲料以及各种秸秆等饲料，都需要粉碎后使用，因此粉碎机是饲料加工厂的主要设备。

2. 饲料混合机

配合饲料中各种成分的比例悬殊，如某些微量元素的添加剂，仅占配合饲料的十万分之几。要将十万分之几的微量元素成分均匀地分布到某一单位的配合饲料量内，就必须采用较好性能的混合设备和合理的混合工艺，才能得到混合均匀的配合饲料。因此，在配合饲料厂和大型兔场的饲料加工车间，饲料混合机是不可缺少的设备。

3. 饲料压粒机

为了减少粉状饲料在运输、喂食时浪费，缩小饲料体积和便于保管，避免家兔挑食，确保吃到全价饲料，在粉状配合饲料压粒过程中，饲料中的淀粉发生一定的糊化，产生较浓的香味，提高了适口性，从而刺激家兔食欲。压制过程中，经短期高温，可杀灭寄生虫卵和其他病原微生物，使谷物、豆类中的一些抗营养分子（如抗胰蛋白酶因子）灭活，减少对兔体的不良刺激和危害，提高饲料的利用率。当然，在饲料的压粒过程中，某些营养成分也会受到一定程度的破坏，但其弊小利大。所以，颗粒饲料现已成为配合饲料生产的重要组成部分。

压粒机又称制粒机。现代的压粒机是按压粒机的压模形状和压模安装位置来分类，常见的压粒机有平板式、立式环形和卧式环形3种形式。

八、其他辅助设备

1. 通风换气设备

一般地区可采用开窗的方式，靠自然风力和舍内外空气对流，达到散热的目的。在夏季多用风机送风，根据气温、兔舍大小、饲养密度，确定风机型号和送风方式，通过机械送风，达到通风散热的目的。

2. 降温设备

夏季降温通常可以采取水帘降温、喷雾降温和空调降温等多种方式，当舍内温度不太高时，采用水帘降温，降温效果良好。其工作原理是通过水的蒸发吸热，使舍内空气温度降低。使用空调降温，耗费较高，并且要求兔舍保温隔热性能好。敞开式兔舍也可以采取加挂遮阳网，减少阳光直射，达到降温目的。

3. 供热设备

冬季气温较低，日照时间短，寒冷地区进行冬繁、冬育难以获得理想温度，应对兔舍进行增温。供热有局部供热和集中供热等方式。局部供热是在兔舍中单独安装供热设备，如电热器、保温伞、散热板、红外线灯、火炉等，也有用 15 cm×15 cm 的电褥子垫于产箱下增温，可使兔的冬繁成活率明显提高。集中供热是指地处寒冷地区的工厂化兔场可采用锅炉或空气余热装置等集中产热，再通过管道将热水、蒸汽或热空气送往兔舍。另外，建地下室，设立单独的供暖育仔间、产房等也是经济而有效的方式。

4. 喂料车

喂料车主要是大型兔场采用，用它装料喂兔，省工省时。

5. 运输笼（箱）

运输笼仅作为种兔或商品兔运输途中用，一般不配置草架、食槽、饮水器等。要求制作材料轻，装卸方便，结构紧凑，笼内可分若干小格，以分开放兔。要求坚固耐用，透气性好，大小规格一致，可重叠放置，有承粪装置（防止途中尿液外溢），适用于各种方法消毒。有竹制运输笼、柳条运输笼、金属运输笼、塑料运输箱、纤维板运输笼等。

第四节　中小型规模肉兔养殖场建设方案

建设中小型规模肉兔养殖场，应坚持充分利用当地资源、因地制宜、经济实用的原则。建场选址既要考虑场区用地的地质、地势、水源、电源、交通等具体条件，又必须符合周边社会环境的环保要求，还应根据肉兔养殖规模的大小，肉兔的生产、生活习性来作场内布局、笼舍建筑的具体规划和设计。

一、建场规模与模式选择

1. 规模养兔推荐模式与方法

（1）兔舍：南方地区可选择半开放式或开放式兔舍，北方地区以封闭式兔舍为宜。

（2）笼具：可选择金属兔笼或水泥预制件兔笼。

金属兔笼具有通风透光好、坚固耐啃、造价低廉、易于安装等优点，但容易锈蚀，南方地区使用年限相对缩短。水泥预制件兔笼的优点是坚固耐用，耐腐蚀，适用于各种方法消毒，但通风透光性差，占地面积大，且制作安装较费时，人工建造费用较高。

（3）笼具排列模式：种兔舍及养殖规模较小时可选择双列式，年出笼在 2 万只以上的养殖场所有兔舍全部选择四列式为宜，以节省建设用地及建房投资。

（4）饲料：选择全价颗粒饲料为宜，尤其是商品肉兔育肥，青饲料过多会使投喂及清扫的工作量增大。

（5）饮水：选择自动饮水系统，干净卫生、经久耐用，饮用水最好经过净化处理。

（6）清粪：选用机械清粪装置或水冲式排粪沟，可减轻劳动强度、节省时间和劳力。

（7）生产管理方式：实行标准化生产管理，采用先进饲养工艺和技术，实行以周为单位的集约化组织形式。

2. 不同养殖规模兔笼、兔舍配置概算

（1）规模定义：年出笼 2 万只以下为小型、2 万～5 万只为中型、5 万～10 万只及以上为大型。

（2）兔笼参考规格（以中型兔为例）：

① 子母笼：每组 3 层共 12 个笼位，每层中间为两个仔兔笼，左右各 1 个母兔笼。母兔笼宽 60 cm、深 50 cm、高 35 cm，仔兔笼宽 40 cm、深 50 cm、高 35 cm。底层兔笼离地 25 cm，每层间距 15 cm，每组兔笼总高 160 cm。

② 种兔笼：每组 3 层共 12 个笼位，每层 4 个笼位，每个笼位宽 45 cm、深 50 cm、高 35 cm。底层兔笼离地 25 cm，每层间距 15 cm，每组兔笼总高 160 cm。

③ 幼兔笼：规格与一般种兔笼规格一致。

④ 中大兔笼：规格与一般种兔笼规格一致。

（3）几种不同养殖规模兔笼用量及兔舍建筑面积见表1-3。

表1-3　　　　　常见养殖规模兔笼用量及兔舍建筑面积（供参考）

年出笼兔规模	种兔数量（只）				笼位数量					兔舍面积（m²）				
					兔笼（组）					面积小计	种兔舍		肉兔舍	
	小计	母兔	公兔	后备	小计	子母笼	种兔	幼兔	中大兔		栋数	面积	栋数	面积
5000	176	125	16	35	46	18	6	16	6	280	合建1栋四列式兔舍			
1万	352	250	32	70	92	36	12	32	12	396	1	216	1	180
2万	704	500	64	140	184	72	24	64	24	756	2	432	1	324
5万	1760	1250	160	350	460	180	60	160	60	1908	5	1080	3	828
10万	2992	2500	320	700	920	360	120	320	120	3780	10	2160	5	1620

说明：（1）年出笼5000只规模种兔舍、肉兔舍合建1栋28 m×7.2 m四列式兔舍。

（2）年出笼1万～10万只规模种兔舍、肉兔舍均为宽7.2 m的四列式兔舍（不同规模所建栋数不同），其中种兔舍为长30 m，年出笼1万只商品兔需建长25 m肉兔舍1栋，年出笼2万只商品兔需建长45 m肉兔舍1栋，年出笼5万只商品兔需建长25 m肉兔舍1栋和长45 m肉兔舍2栋，年出笼10万只商品兔则需建长45 m肉兔舍5栋。

（3）各种规格兔舍均包括饲料间及工作室所需面积。

◆养殖场动物防疫条件合格标准及申请流程。

（1）养殖场动物防疫条件合格标准。

① 距离生活饮用水源地、动物屠宰加工场所、动物和动物产品集贸市场500 m以上；距离种畜禽场1000 m以上；距离动物诊疗场所200 m以上；动物饲养场（养殖小区）之间距离不少于500 m；距离动物隔离场所、无害化处理场所3000 m以上；距离城镇居民区、文化教育科研等人口集中区域及公路、铁路等主要交通干线500 m以上。

② 场区周围建有围墙；场区出入口处设置与门同宽、长4 m、深0.3 m以上的消毒池；生产区与生活办公区分开，并有隔离设施；生产区入口处设置更衣消毒室，各养殖栋舍出入口设置消毒池或者消毒垫；生

产区内清洁道、污染道分设；生产区内各养殖栋舍之间距离在 5 m 以上或者有隔离设施。

③ 动物饲养场、养殖小区应当具有下列设施设备：场区入口处配置消毒设备；生产区有良好的采光、通风设施设备；圈舍地面和墙壁选用适宜材料，以便清洗消毒；配备疫苗冷冻（冷藏）设备、消毒和诊疗等防疫设备的兽医室，或者有兽医机构为其提供相应服务；有与生产规模相适应的无害化处理、污水污物处理设施设备；有相对独立的引入动物隔离舍和患病动物隔离舍。

④ 动物饲养场、养殖小区应当有与其养殖规模相适应的执业兽医或者乡村兽医。患有相关人畜共患传染病的人员不得从事动物饲养工作。

⑤ 动物饲养场、养殖小区应当按规定建立免疫、用药、检疫申报、疫情报告、消毒、无害化处理、畜禽标识等制度及养殖档案。

（2）"动物防疫条件合格证"申请流程。

① 向当地县级兽医行政主管部门提出申请，提交"动物防疫条件审查申请表"。

② 申请时应附具养殖场营业执照、法定代表人（主要负责人）身份证复印件，养殖场位置图、平面图，动物防疫设施设备清单，提供服务的执业兽医或乡村兽医资格证件复印件，动物防疫制度文本等材料。

③ 当地县级兽医行政主管部门派员实施现场审查，合格的发放"动物防疫条件合格证"；不合格的，提出整改意见。

④ 未取得"动物防疫条件合格证"的，不得投入使用。

二、年出笼 1 万只肉兔规模养殖场建设实例

根据常见养殖规模兔笼用量及兔舍建筑面积参考表提供的数据，现以年出笼 1 万只肉兔的小型规模饲养场为例，详细说明其规划设计要点。

1. 肉兔场布局的设计

建设一个年出笼 1 万只肉兔小规模饲养场，需要选择一块面积约为 3200 m² 的土地（长 80 m，宽 40 m）用于建造兔舍及工作用房。在建场设计时应考虑下列因素：

（1）其设计的主要生产性能参数选择。

① 平均每只母兔年生产 6 胎，7～8 只/胎；

② 每只母兔年提供商品兔 40 只；

③ 仔兔的断奶日龄为 4～5 周龄；

④ 母兔的利用年限为两年；

⑤ 肉兔平均日增重 30 g 以上；

⑥ 肉兔的出笼日龄为 10～12 周龄或体重达到 2.5 kg（中型品种为 2.25 kg）。

（2）存笼结构

① 能繁母兔数 250 只；

② 后备母兔数 63 只，即能繁母兔数×50％÷12 个月×6 个月；

③ 成年公兔数 32 只，即按 1∶8 的公母比例计；

④ 后备公兔数 8 只，即成年公兔数的 1/4；

⑤ 仔兔数 1154 只；

⑥ 幼兔数 1454 只，即周保育成活数(成活率 90％)×7 周(12 周龄出笼)；

⑦ 中大兔数 2215 只，即周保育成活数(成活率 80％)×12 周(6 月龄)。如 12 周龄作为肉兔出笼，则仅保留 10％～15％作为后备种兔选育。

合计：5176 只。

（3）所需笼位规格及数量

1）所需种兔笼位设计

种兔笼选择两种规格较为适宜，即临产前 3 天至整个哺乳期的母兔选用子母笼（双笼位），其他种兔则用一般种兔笼（单笼位）。

① 子母笼 36 组

年出笼 1 万只肉兔的养殖场，需饲养种兔 350 只，其中能繁母兔为 250 只，按同批次 85％左右的母兔处于临产前 3 天至整个哺乳期阶段（母兔在子母笼的时间在 40 天左右），需 210 多个子母笼位，每组子母笼可安排 6 只哺乳期母兔，实际 36 组子母笼（可同时容纳 216 只母兔产仔及哺乳）。

② 种兔笼 12 组

除了临产前 3 天至整个哺乳期的母兔之外，其余母兔、种公兔及备种兔全部使用一般种兔笼，其数量为 12 组（可容纳 144 只种兔）。

2）所需幼兔笼位设计

全场 250 只能繁母兔，常年存栏幼兔数约为 1500 只，按每笼位饲养 4 只幼兔，需用 32 组幼兔笼。幼兔饲养至 12 周龄出笼，部分留作后备种兔选育。

3）所需中大兔笼位设计

留存中大兔 250 只左右用于后备种兔选育，每笼位饲养 2 只，需用

12 组中大兔笼。符合种用标准的留作后备种兔，不符合的淘汰作为商品兔出售。

（4）兔舍建筑面积与场区占地面积

建成年出笼 1 万只商品肉兔养殖场，需分别建立种兔舍、肉兔舍各一栋，兔舍建筑面积共 396 m²。

1）种兔舍（四列式）

四列式种兔舍平面布局见图 1-6。

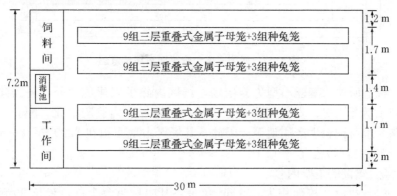

图 1-6 四列式种兔舍平面布局示意图

子母笼 36 组，分成 4 列，即：36 组÷4 列＝9 组/列×2 m（笼长）＝18 m。

种兔笼 12 组，分成 4 列，即：12 组÷4 列＝3 组/列×1.8 m（笼长）＝5.4 m。

子母笼与种兔笼每列的长度为 23.4 m(18 m＋5.4 m)，实际建筑时应增加两端走道及饲料间等，其建筑长度在 30 m 左右较为适宜，即长30 m×宽 7.2 m＝216 m²。

2）肉兔舍（四列式）

四列式肉兔舍平面布局见图 1-7。

幼兔笼 32 组，分成 4 列，即：32 组÷4 列＝8 组/列×1.8 m（长）＝14.4 m。

中大兔笼 12 组，分成 4 列，即：12 组÷4 列＝3 组/列×1.8 m（长）＝5.4 m。

两项合计每列的长度为 19.8 m(14.4 m＋5.4 m)，实际建筑时应增加两端走道及饲料间等，其建筑长度在 25 m 左右较为适宜，即长 25 m×宽7.2 m＝180 m²。

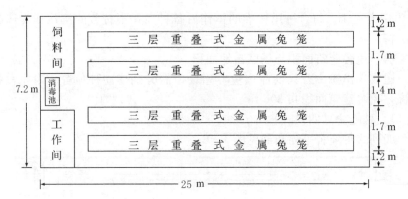

图 1－7　四列式肉兔舍平面布局示意图

综上所述，筹建小型兔养殖场，场区内除了兴建兔舍外，还需建设生产生活等用房、安装饲料加工机械、实施场区内遮阴绿化、配套场内道路、预留饲料生产用地等。因此，其场区占地面积在 3200 m²（80 m×40 m）左右较为适宜。

2. 建设的主要内容

（1）建设 2 栋面积为 396 m² 兔舍，其中种兔舍 1 栋，舍长 30 m×宽 7.2 m（包括饲料间及工作间），共 216 m²；商品肉兔舍 1 栋，舍长25 m×宽 7.2 m（包括饲料间及工作间），共 180 m²。

（2）办公生活用房 100 m²，道路硬化 200 m²。

（3）沼气（或化粪）池 2 个，（4 m×3 m×2）×2 共 48 m³，主消毒池 1 个(兔场入口处)。

（4）配备 36 组子母兔笼、56 组金属兔笼及与之配套的饮水器、食槽、承粪板等。

（5）配备相关电力、照明、通风、降温设施，安装饲料粉碎机、饲料混合机、饲料压粒机等加工机组。

3. 兔场人员安排

兔场人员安排是由种兔的数量和产仔数决定的。一般来说，中小规模肉兔养殖场，每 100 只种兔（包括产仔和育成管理）约需用 1 个劳力。所以，一个年出笼 1 万只商品肉兔的规模养殖场，共需 3 个劳力（以全价颗粒饲料为主的养殖场）。

4. 年出笼 1 万只商品肉兔规模养殖场建设布局设计实例

种兔舍建筑布局及侧面、剖面图分别见图 1-8、图 1-9、图 1-10，单位毫米（mm）。

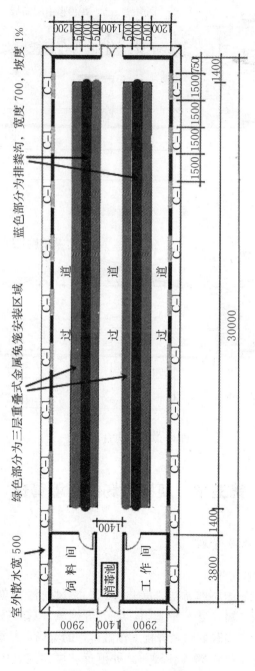

图 1-8 种兔舍平面图

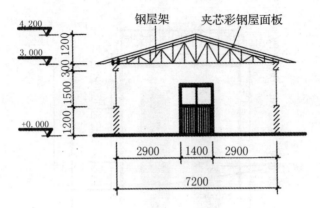

图 1-9　种兔舍侧面图

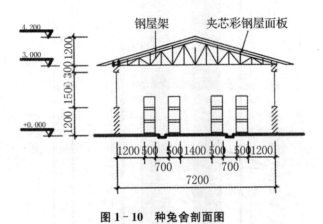

图 1-10　种兔舍剖面图

第五节　规模兔场的环境管理

一、兔场环境管理

1. 环境绿化

绿化具有明显的调温调湿、净化空气、防风防沙和美化环境等重要作用。特别是阔叶树，夏天能遮阴，冬天可挡风，具有改善兔舍小气候的重要功能。生产实践表明，绿化工作做得好的兔场，夏季可降温 3 ℃～5 ℃，相对湿度可提高 20%～30%。种植草坪可使空气中的颗粒物含量减少 5% 左右。因此，兔场四周应尽可能种植防护林带，场内也应大量植树，一切空地都应种植作物、牧草或绿化草坪。兔场的绿化林带通常有如下几种：

（1）防风林带。以降低场内风速，防低温气流和风沙对场区、兔舍的侵袭为目的。防风林带应设在冬季上风向，沿围墙内外分布。林带的宽度以 5～8 m 为宜，植树行数视当地冬季主风的风力而定，以株距 1.5 m、行距 3～6 m 为宜，呈品字形栽植。树种选择最好是落叶树和常年绿树搭配，高矮树种搭配，如槐树、小叶榕等。

（2）隔离林带。主要设在各分区之间及围墙内外，场界周边种植乔木混合林带，特别是夏季上风向的隔离林带，应选择树干高、树冠大的乔木，以利于通风。林带宽度 3～5 m，以分隔场内各区。

（3）遮阴绿化林。既要注意遮阴效果，又要注意不影响通风排污。因此，近舍的绿化起到为兔舍墙壁、屋顶、门窗遮阴的作用。在植物配置选择方面，可根据树种特点和当地太阳高度角，合理确定植树位置及树木类别。遮阴绿化林一般选择那些枝条长、树冠大而透风性好的树种，以防夏季阻碍通风和冬季遮挡阳光。在运动场内植树，应选择花阴树种，以相邻二株树冠相连，又能通风为好。

2. 消毒管理

消毒的目的在于消灭被病原微生物污染的场内环境、畜禽体表及设备器具上的病原体，切断传播途径，防止疾病的发生和蔓延。消毒的方法通常有物理消毒法、化学消毒法和生物消毒法。

（1）物理消毒法：就是用物理方法杀灭或清除病原微生物和其他有害生物。

① 机械清除法就是用外力将表面有害微生物除掉，是最普通最常用的方法。如清扫、洗刷、通风、过滤等，这些方法在清除污物的同时清除大量的病原微生物，但不能彻底杀灭，必须配合其他的方法。

② 自然净化法就是靠自然环境的净化作用，使空气、物体中的病原微生物逐步达到无害。方法有日光照射、风吹雨淋等。日光暴晒适用于产仔箱、饲草、垫草消毒以及兔舍用具等的消毒，对场区地面、表土消毒也具有重要意义。

③ 高温消毒法就是对发生烈性传染病或抵抗力强的病原体污染的饲料、垫草、粪便、病死的尸体等进行焚烧，或对地面、墙壁、金属笼具进行火焰消毒；对器械及工作服进行煮沸或高压蒸汽灭菌。一般细菌在 100 ℃水中煮沸 3～5 分钟即可被杀灭，煮沸 2 小时可杀灭一切病原体。

高压灭菌器 121 ℃ 20～30 分钟，可保证杀灭所有病原体。

④ 紫外线消毒法：利用紫外线照射使微生物诱变致死，达到将有害微生物除掉的目的。适用于密闭空间内的空气或物体表面消毒，每 10 m³ 应安装 30 W 紫外灯 1 个，作用距离不大于 2 m，消毒时间不得少于 30 分钟，消毒期间人员不得入内。

(2) 化学消毒法：用常用的各种化学药物（即消毒剂）来进行的消毒。消毒剂的使用方法主要有喷雾法、熏蒸法、浸泡法和饮水消毒法。常用的消毒剂有：2%～4% 的烧碱、40% 的甲醛溶液、3%～5% 的来苏尔、5%～10% 的漂白粉、10%～20% 的石灰乳、0.01% 的高锰酸钾溶液、聚维酮碘、新洁尔灭等。

① 来苏尔：为甲酚、植物油、氢氧化钠的皂化液（含甲酚 50%），无色或黄色液体。用水稀释为 3%～5% 的乳白色溶液喷洒兔舍、笼、产仔箱或擦抹用具物品。一般墙壁上每平方米喷洒 100～200 mL，地面 200～500 mL。10% 溶液用于兔场进出口消毒来往车辆和鞋靴。

② 甲醛：用 5%～10% 的溶液喷洒或 35%～40% 的溶液（即福尔马林）熏蒸。主要用于兔舍（无兔）、皮毛、器具、衣物的熏蒸消毒。对皮肤、黏膜刺激性很强，应注意使用安全。

熏蒸消毒的操作方法：首先密闭兔舍，关好门窗，保持室内相对湿度 60%～70%，室温不低于 15 ℃。按照每立方米空间用福尔马林 42 mL，加入高锰酸钾 21 g。先将高锰酸钾倒入较深的非金属容器中，然后倒入福尔马林，熏蒸 8～10 小时。或按每立方米 15～20 mL 福尔马林，加等量水，加热蒸发。

③ 氢氧化钠：又名烧碱。为白色不透明固体，吸水性强，露置于空气中溶解成溶液状态，并易与空气中的二氧化碳结合成碳酸钠，因此应密封保存。一般使用 2%～4% 的溶液消毒地面、食槽、车辆、木制用具等；5% 的浓度用于芽胞杆菌污染的消毒。对组织、织物、金属制品有腐蚀性，消毒时应注意防护，消毒后及时用清水冲洗。

④ 石灰乳：新鲜的生石灰（未受潮的为准）配制成 10%～20% 的石灰乳，对畜（禽）舍、地面、粪便和尸体进行喷洒消毒；出栏以后用新购的生石灰加水配制成 20% 的石灰乳，涂刷厩舍的墙壁或地面进行消毒。兔场门口放置浸透 20% 石灰乳的湿草包、湿麻袋片，可对鞋底、车轮等进行消毒。特别注意的是石灰乳应现配现用，生石灰无消毒效果。

⑤ 二氯异氰尿酸钠：又名优氯净、消毒威。属于氯制剂，含有效氯

60%～64%，为白色结晶粉。对细菌、病毒、真菌、芽胞杆菌均有较强的杀灭作用。主要用于兔舍、排泄物和水的消毒。0.1%～0.5%水溶液用于杀灭细菌、病毒，10%的浓度用于芽胞杆菌污染的消毒，应现配现用。

⑥ 癸甲溴铵：为季铵盐类消毒剂。常用50%的癸甲溴铵溶液，商品名为百毒杀。对细菌、病毒均有杀灭作用，可用于饮水、环境、饲养用具及带兔消毒。以癸甲溴铵计，对兔舍、器具的消毒使用0.015%～0.05%溶液，饮水消毒使用浓度为0.0025%～0.005%。

⑦ 新洁尔灭：为季铵盐类消毒剂，为5%苯扎溴铵水溶液。具有去污和杀菌作用，用于创面、皮肤和器械消毒。

⑧ 聚维酮碘：是聚乙烯吡咯烷酮与碘的络合物，能溶于水，杀菌力强，毒性低，对组织的刺激小。常用于皮肤黏膜和手术部位的消毒。常用其10%溶液稀释后进行环境、仪表消毒及带兔消毒。

（3）生物消毒法：通过堆积或深埋发酵，将污染的粪便、垫料、尸体做无害化处理。通过发酵产生生物热，杀灭各种细菌、病毒、寄生虫卵等病原体。

① 堆粪法：在距离兔场200 m以外，远离居民、河流、水源等的地方，兔场下风向设立堆粪场。根据粪便的多少挖一个深20～30 cm的浅坑；先在底部放一层25 cm厚的干粪或稻草，然后将清理的粪便、垫料等污物堆积起来，堆到1～1.5 m高时，在表面盖一层干粪或稻草并压实，再封上10 cm厚的泥土，密封发酵。发酵物料的干湿应适度，以含水量50%～70%为宜。冬季经3个月以上、夏季经21天以上的发酵即可出粪清坑，用作有机肥。

② 发酵池法：选址与堆粪法相同。先根据待发酵物料容积用砖或水泥砌成圆形或方形的池子，在池底放一层干粪或稻草，然后将每天清理的粪便、污物等物料倒入池内，待池子快满时在表面盖一层干粪或杂草，再封上泥土。经1～3个月发酵即可出粪清池。如有条件可与沼气发酵相结合。

（4）消毒的注意事项：

① 消毒前先清理粪便，将可移动设备移开，彻底清洁。

② 火焰消毒，尽量在干燥条件下使用，且只在空舍使用。

③ 消毒液严禁与抗菌剂、维生素混合使用。

④ 免疫接种前后3天停止消毒。

⑤ 种兔舍待产母兔及母兔产仔前后7天停止消毒。

⑥ 根据兔舍温度来确定消毒次数和通风量。

⑦ 交替轮换使用消毒剂。

⑧ 兔舍应设脚踏消毒池（盆）并放置消毒液浸湿的脚垫。

⑨ 兔舍设立洗手消毒盆。

3. 防虫灭鼠

（1）防止昆虫滋生

① 保持环境的清洁干燥。填平所有积水坑、洼地，排污管道采用暗沟，粪堆加土覆盖。

② 防止昆虫在粪便中繁殖、滋生。定期清粪，每天将舍内粪便清除出舍至堆粪场。

③ 定期喷洒化学杀虫剂。常用杀虫剂见表1-4。

表1-4　　　　　　　　　　　　　常见杀虫剂

活性成分	有效成分含量(%)	组成	目的
氟氯氰菊酯	6～20	WP. EC. P	苍蝇、甲壳虫、臭虫、蟑螂、蜘蛛
甲萘威	10～80	F. B. WP	甲壳虫、臭虫、虱子、寄生虫
灭蝇胺	1～2	PM. F	苍蝇
氟氯氰菊酯	9.7～10	F. WP	苍蝇、甲壳虫、臭虫
乐果	2	EC	苍蝇
氰戊菊酯	10	F	苍蝇、甲壳虫、蜘蛛、蟑螂
马拉硫磷	5～57	AN. Pr	苍蝇、虱子、臭虫
灭多威	1	B	苍蝇
毒死蜱	20	F	苍蝇、甲壳虫、蜘蛛、蟑螂
Nithiazine	1	Strip	苍蝇
Orthoboricacid	30～99	WSP. B	甲壳虫
氯菊酯	0.25～30	D. EC. WP. RTU	苍蝇、甲壳虫、臭虫、蟑螂、虱子、寄生虫
杀虫畏	23	EC	苍蝇、甲壳虫、虱子、寄生虫
敌敌畏	1～40.2	RTU. EC	苍蝇、臭虫

（2）严防鼠害发生

① 防止鼠类进入。首先要从兔舍的建造上着手，防止鼠类进入兔场。同时，对兔舍周围杂物、垃圾及乱草堆等及时清除，填平死水坑，让鼠没有找食和藏身之处。

② 器械灭鼠。使用各种器械、工具如鼠夹、笼子、套子、黏鼠板等。

③ 生态灭鼠。可以用猫等天敌来灭鼠。

④ 化学灭鼠。使用灭鼠药物进行灭鼠。常用灭鼠药物见表1-5。在鼠药使用时要注意安全，定期更换，不得让其他畜禽接触。严禁使用毒鼠强灭鼠。

表1-5   常用的灭鼠药物

类别	有效成分	饵料类型
单剂量	溴鼠隆	一头份抗凝血剂。每次投放2～3天，老鼠食用后因内出血而导致死亡。通常配制为颗粒状或易于储存的蜡质包装
	溴敌隆	一头份抗凝血剂。每次投放2～3天，老鼠食用后因内出血而导致死亡。通常配制为颗粒状或易于储存的蜡质包装
	溴鼠胺	一头份中央神经系统毒物。投放1次（若剂量大），老鼠食用24小时内，因中央神经系统瘫痪而导致死亡。必要时投放2～3次
	氟鼠定	一头份抗凝血剂。每次投放7天，老鼠食用后因内出血而导致死亡。通常配制为颗粒状
多剂量	氯鼠酮	复合剂型抗凝血剂。持续投放10～14天，老鼠食用后因内出血而导致死亡。通常为颗粒型或易于储存的蜡质包装
	敌鼠	复合剂型抗凝血剂。持续投放10～14天，老鼠食用后因内出血而导致死亡。通常为颗粒型或易于储存的蜡质包装，也可为液体浓缩装
	鼠完	复合剂型抗凝血剂。持续投放10～14天，老鼠食用后因内出血而导致死亡。通常为颗粒型或适用于任何气候条件下易于储存的蜡质包装，也可与饲料混合成高浓度药物
	灭鼠灵	复合剂型抗凝血剂。持续投放10～14天，老鼠食用后因内出血而导致死亡。通常为颗粒型或易于储存的蜡质包装，也可与饲料混合成高浓度药物

二、兔舍环境控制技术

(一) 有害气体控制技术

1. 兔舍空气质量要求

兔对环境空气质量状况十分敏感，空气污浊可显著提高其呼吸道疾病的发病率。有报道表明，当空气中氨气含量达 50 mg/m³ 时，兔的呼吸变慢，出现流泪、鼻塞症状；当空气中氨气含量达 10 mg/m³ 时，兔出现流泪、流鼻涕以及口涎的现象明显增多。兔场空气质量要求见表 1-6。

表 1-6　　　　　　　　　兔场空气质量要求

有害气体种类	舍内允许浓度(mg/m³)		场区控制浓度(mg/m³)
	幼兔	成年兔	
氨气	10	<15	<5
硫化氢	2	<10	<2
二氧化碳	<1500		<750
PM10(可吸入颗粒物)	<4		<1
TSP(总悬浮颗粒物)	<8		<2

2. 有害气体的调控

为有效降低兔舍内有害气体浓度，提高舍内空气质量，可以采取以下措施：

① 降低饲养密度；

② 增加清粪次数；

③ 减少舍内水道和饮水器具漏水；

④ 建立有效的通风换气系统。

3. 通风换气系统

(1) 通风换气原则

① 兔舍内气流速度应均匀稳定，无死角和局部"短路"，冬季无贼风。

② 维持舍内适宜气温和空气新鲜，防止气温剧烈变化、室内有害气体浓度偏大和湿度过大。

③ 舍内气流速度一般不应超过 0.5 m/s，冬季应控制在 0.2 m/s 以下。

④ 采用机械通风时，入舍气流不能直接冲向兔群。

⑤ 前后兔舍的排风口或进风口应安置在相对两侧，以防排出的污浊空气通过进风口进入另一栋兔舍。

⑥ 建造兔舍时要根据本地自然条件、养殖规模、饲养密度、兔舍类型、笼具排列方式等选择适宜的通风方式。敞开式或半敞开式兔舍，其通风换气采用自然通风方式；封闭式兔舍则采用机械通风方式。

⑦ 应遵循兔舍布局间距要求。

（2）通风换气参数

兔场通风换气参数见表1-7。

表1-7　　　　　　　　　兔场通风换气参数

生理阶段	春秋季(m³/h)	夏季(m³/h)	冬季(m³/h)	备　注
哺乳母兔(只)	7.4～11.8	59.4	5.30	不包括仔兔
公兔(kg活重)	2.1～3.4	16.9	1.52	
生长兔(只)	1.5～2.5	12.5	1.14	90天以内生长期
生长兔(kg活重)	0.6～1.0	5.0	0.5	90天以内生长期
育肥兔(只)	1.6～2.6	13.4	1.22	135天以上育肥期
育肥兔(kg活重)	0.55～0.89	4.47	0.4	135天以上育肥期

据段栋梁等《肉兔标准化规模养殖技术》，2013年。

（3）兔舍所需通风换气总量（Q）：$Q = k \times m \times q / 3600$，单位为 m³/s。考虑到风机在工作过程中由于损耗而造成风量有所减少，因此在确定兔舍所需通风换气总量时，一般以 k（1.1～1.5）表示风机的损耗，m 为兔舍最大养兔数，q 为家兔的通风换气参数。

（4）自然通风系统

① 自然通风指依靠自然的风压（大气流动时作用于建筑物表面的压力）和热压（热气流上升产生的压力差）形成的空气流动。

② 兔舍设立进排风口、无动力风帽或其他排气设施。

③ 自然通风兔舍跨度以 6～8 m 为宜。

④ 一般排气孔面积为地面面积的 2%～3%，进气孔面积为地面面积的 3%～5%。

⑤ 屋顶坡度以 >25° 为宜，以利于热空气的排出。

⑥ 无动力风帽的设置：应根据兔舍所需通风换气总量、兔舍类型结构、当地常年风速选择不同的型号、数量的风帽。通常按照常年平均风

速 3.4 m/s、室内外温差 5 ℃来设计，间隔 3～4 m 安置 1 个。

⑦ 无动力风帽的基本参数见表 1-8。

表 1-8　　　　　　　　　无动力风帽的基本参数

排风口直径(mm)	叶片数量(片)	排气量(m³/h)
200	16	1080
300	20	1380
360	24	1680
400	28	1920
500	32	3000
600	32	3900
800	42	5760

（5）机械通风系统

① 负压通风：通过风机抽出舍内污浊空气，新鲜空气通过舍内形成的负压经进气口流入舍内，完成舍内外空气的交换。风机通常安装在兔舍污道出口山墙上部位置，进风口则设在对侧净道出入口山墙上。一般兔舍多采用负压通风。

② 正压通风：通过风机向舍内送风，借助送风形成的空气压力将舍内污浊空气通过排风口排出舍外，完成空气交换。可以选择两侧送风屋顶排风、屋顶送风两侧排风或一侧送风一侧排风方式。屋顶送风是采用水平管道送风系统，通过大功率轴流风机将新鲜空气压入管道，再通过管道上的等距圆孔将空气送入兔舍。极端气候条件（炎热或寒冷）地区可采用这一方式。

③ 联合式通风：在屋顶水平送风系统的基础上，将两侧的自然通风改为机械通风，可以进一步提升通风效果。大跨度的密闭式兔舍多采用这一方式。

④ 兔舍所需风机台数（N）：在夏季时，兔舍所需通风换气总量最大，因此在设置风机时一般以兔舍在夏季的通风换气总量为依据。$N = Q/L_1$，L_1 为每台风机的风量，N 为所需的风机台数。

（二）光照控制技术

1. 家兔适宜的光照要求

家兔适宜的光照要求见表1-9。

表 1-9　　　　　　　　　　　　**家兔适宜的光照要求**

生理阶段	光照时间(h/d)	光照强度(lx)
繁殖母兔	14～16	20～30
公兔	8～12	20
仔兔	8	15～20
育肥兔	8～10	20

2. 光照控制技术

（1）我国普遍采用自然光照为主，特殊情况下予以人工补充光照。全密闭式无窗兔舍则需采用完全的人工采光。

（2）采用自然光照时，兔舍门窗有效采光面积应占舍内地表面积的10%～15%。

（3）光线入射角（指舍内地面中央到窗户上缘所引直线与水平面的夹角）不低于25°～30°，透光角（指舍内地面中央到窗户上缘所引直线与地面中央到窗户下缘所引直线的夹角）不少于5°。入射角与透光角见图1-11。

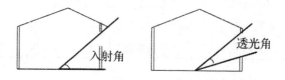

图 1-11　入射角与透光角示意图

（4）人工控制光照时，光照强度约20 lx为宜，但繁殖母兔需要强度大些，可用20～30 lx。普通兔舍多依靠门窗供光，一般不再补充光照，但应避免阳光直接照射兔体。目前对兔舍光照控制着重在光照时数，繁殖母兔每天光照14～16小时，种公兔可稍短些，每天光照8～12小时，仔兔、幼兔需要光照较少，尤其仔兔一般供约8小时弱光即可，育肥兔光照8～10小时。据试验，连续光照24小时，可引起家兔繁殖的紊乱。一般家兔每天光照不宜超过16小时。

（5）设置人工光源时，要确保光线分布均匀。光源以25～40 W白炽灯为宜（也可折算采用荧光灯或LED灯），灯泡高度2.0～2.4 m，相邻灯泡间距为高度的1.5倍。如加用平形或平伞形灯罩，其光照强度增加 50%。

（6）不同光源的光效特性见表 1 - 10。

表 1 - 10　　　　　　　　　　不同光源的光效特性

光源名称	功率(W)	光效(lm/W)	使用寿命(小时)
白炽灯	10～100	6.5～20	1000
荧光灯	6～125	40～80	5000～8000
LED灯	0.02～0.05	80～140	50000

(三) 环境温度控制技术

1. 肉兔适宜的环境温度要求

当舍内温度超过 30 ℃或低于 5 ℃，对幼兔的生长发育、种兔繁殖和产仔都会产生不利影响。持续高温 35 ℃以上可导致成年兔中暑，持续低温 0 ℃以下则可导致仔兔因冻害死亡。种公兔长时间生存在 30 ℃以上的环境中，会出现"夏季不育"现象。兔在不同生理阶段对环境温度的要求见表 1 - 11。

表 1 - 11　　　　　　　　　　兔在不同生理阶段对环境温度的要求

生理阶段	初生仔兔	1～4周龄仔兔	幼兔及青年兔	成年兔
适宜温度	30 ℃～32 ℃	20 ℃～30 ℃	15 ℃～25 ℃	15 ℃～20 ℃
要求说明	巢箱内温度	笼内环境温度	笼内环境温度	笼内环境温度

2. 环境温度控制技术

（1）环境温度控制的主要措施

① 选择适合当地气候条件的兔舍类型。

② 参考当地民用建筑标准选择建筑材料。

③ 结合有害气体控制，考虑保温要求，设计安装兔舍通风系统。

④ 安装升温或降温装置。

⑤ 冬季适当提高饲养密度，夏季适当降低饲养密度，对于温度控制有一定效果。

（2）兔舍增温技术

① 集中供暖。采用锅炉或空气预热装置等集中产热，再通过管道将热水、蒸汽或热空气送往兔舍，一般按照 15 ℃～18 ℃舍温进行热工艺设计。多用于黄河以北地区较大规模兔场。

② 局部供暖。在兔舍内分别安装供热设备，如煤炉、电热器、保温伞、散热板、红外线等。一般应用于跨度小、规模小的兔舍或产仔箱。

③ 热风采暖。利用电力或天然气能源作为热源，在进风口进行加温后，通过管道分送到兔舍的各个空间。

（3）兔舍降温技术

① 修建保温隔热兔舍。

② 兔舍前种植树木和攀爬植物、搭建遮阳棚、窗户外设置挡阳板、窗户挂窗帘等，以减少阳光对兔舍的照射。

③ 安装通风设备，加强通风。

④ 安装水帘降温。在风机对面墙上安装水帘，对兔舍实行纵向负压通风可以有效降低兔舍温度。

⑤ 兔舍所需水帘面积（S）：水帘降温效率与过帘风速（v）有关，15 cm厚水帘的过帘风速一般为 1.5～2.5 m/s 才能达到最佳降温效果。在夏季高温潮湿地区，以上数据选用较小值，在干燥地区则选用较大值。$S=$兔舍所需通风换气总量（Q）/过帘风速（v）。

（四）湿度控制技术

1. 兔舍湿度要求

兔舍湿度以 60％～65％为宜，一般不能高于 70％，不低于 55％。过高、过低都会对生产造成不利影响。

2. 湿度控制技术

（1）加强兔舍通风。

（2）降低饲养密度。

（3）及时清理粪尿。

（4）冬季适当增温可缓解高湿的不良影响。

（5）夏季用凉水降温时要防止湿度过高。

（五）噪声控制技术

兔胆小怕惊，突然的噪声可引起妊娠母兔流产、哺乳母兔拒绝哺乳，甚至残食仔兔等严重后果。

1. 噪声的主要来源

（1）外界传入的声音。

（2）舍内机械、操作产生的声音。

（3）家兔自身产生的采食、走动和争斗的声音。

2. 噪声的控制措施

（1）选址应选择远离噪声产生的场所。

（2）饲料加工车间与生产区保持一定距离。

（3）人员日常操作动作要轻、稳，避免发出刺耳或突然的声响。

（4）购买风机、清粪设备等室内设备应选择噪声小的。

（5）禁止在兔舍周围喧哗或燃放烟花爆竹。

（6）在场区、缓冲区植草种树可减轻噪声。

第二章　品种选育的标准化操作

第一节　主要品种的生产性能

一、优良品种的个体识别

1. 比利时兔

原产于比利时佛朗德地区，故又名佛朗德巨兔，是一个比较古老而著名的大型肉用兔品种，在欧洲和我国的肉兔生产中应用较广泛。

该兔被毛丰厚有光泽，多为褐麻色，部分呈胡麻色（钢灰色），耳大直立，耳尖有光亮的黑色毛边，眼周、颌下、胸腹部、尾外侧及趾部的毛色淡化、发白。眼黑色。体形大，四肢强健。成年兔平均重 4.5～6.5 kg，近年来有中型化趋势。胴体大，净肉率高。生长快，适应性强，母兔泌乳多，年产 4～5 窝，平均窝产仔 7～8 只，最高可达 16 只。40 天断奶，个体重 1.2 kg，90 日龄个体重 2.5～2.8 kg。该兔夏季不孕期长，仔兔断奶成活率低于加利福尼亚兔。缺点是饲料利用率较低，易患脚皮炎等。

2. 新西兰白兔

原产于美国的中型肉用品种，近代最著名的肉用兔品种之一。

该兔被毛纯白，体形中等，头宽圆而粗短，眼睛呈粉红色，耳宽厚较短而直立，颈粗短，腰和肋部丰满，后躯发达，臀圆，四肢强壮有力，脚毛丰厚。成年母兔体重 4.0～5.4 kg，公兔 4.1～5 kg。繁殖力强，最佳配种年龄 5～6 月龄，年产 5 窝以上，每窝产仔 7～9 只。早期生长快，产肉率高，杂交效果好。该兔肉质良好，适应性广，性情温驯，易于管理，饲料利用率高。缺点是不耐粗饲，对饲养管理要求高。

3. 加利福尼亚兔（又称加州兔）

原产于美国加利福尼亚州，是世界著名的肉用兔品种。

该兔被毛基本色为纯白色，而鼻端、两耳、四肢下端和尾部近似黑色，故称"八点黑"。体形中等，头大小适中，两耳直立，眼红色，嘴钝圆，胸部、肩部和后躯发育良好，肌肉丰满，四肢粗短。成年兔体重平均3.5～4.5 kg，繁殖性能和日增重好，母性强，泌乳多，仔兔成活率高，有"保姆兔"的美誉。年产4～5胎，每胎产仔6～8只。该兔适应力好，杂交效果好，但其断奶前后对饲养管理条件要求较高。

4. 花巨兔

又名花斑兔，原产于德国，是皮肉兼用兔种，引入我国的主要是黑白花巨兔。

该兔两耳、嘴鼻及眼圈周围呈黑色，背中线及体侧有不规则的黑色斑块。体躯较长欠丰满，背腰微呈弓形，腹部较紧凑。双耳直立，眼球呈黑色。成年兔体重4～6 kg。母兔胎产仔数高，每窝产仔9～12只。生长发育快，繁殖率较高。缺点是母兔哺乳能力不够好，繁殖成活率不高，毛色遗传不稳定。

5. 伊拉肉兔配套系

伊拉肉兔由法国伊拉肉兔育种公司育成，是驰名世界的肉兔配套系之一。主要由A、B、C、D四个专门化品系组成。

其父、母代兔种兔具有典型的肉用兔圆柱状体形，主要有"八点黑"和全白色两种毛色。一般胎产仔数为10只左右，仔兔断奶成活率在90%以上。商品代兔育肥期成活率高，可达90%左右；日增重明显高于一般杂种兔，70日龄屠宰平均体重为2.4～2.9 kg，半净膛屠宰率可达58%。

肉兔配套系的生产应用特点：利用肉兔配套系生产商品肉兔，繁殖成活率高，日增重大，产肉性能好；商品兔生产必须按照配套系制种模式制种，商品代兔不能留作种用。

6. 齐卡肉兔

由德国齐卡家兔育种中心培育，系当今世界上著名的肉兔配套品系之一，育成和引入我国时间均较早。

齐卡肉兔由G、A、N三个白色专门化品系组成，按该配套系的制种模式生产商品兔。平均胎产活仔数为6.8～7.6只；GAN商品代兔70日龄平均体重达2.1 kg，90日龄平均屠宰体重为2.51 kg；全净膛屠宰率为51%～52.3%，净肉率为80%左右。商品代生长较快、适应性较强，适用于中小型兔场饲养；缺点是繁殖性能和产肉性能赶不上近年引进的现代肉兔配套系。

7. 青紫蓝兔

原产于法国，系肉皮兼用型兔种。

该兔毛密有光泽，蓝灰色，每根毛纤维自基部向上分为 5 段，即深灰色－乳白色－珠灰色－雪白色－黑色。耳尖及尾面黑色，眼圈、尾底及腹部白色，腹毛基部淡灰色。体形匀称，头适中，颜面较长，嘴钝圆，耳中等、直立而稍向两侧倾斜，眼圆大，呈茶褐色或蓝色，体质健壮，四肢粗大。一般成年体重 4～5 kg，年产 4～5 窝，每窝平均产仔 7～8 只。该兔耐粗饲，适应性强，皮板厚实，毛色华丽，繁殖力较好；缺点是生长速度相对较慢。

8. 日本大耳白兔

原产于日本，是我国唯一从亚洲引入的优秀皮肉兼用兔品种。

该兔分大、中、小三个类型，大型兔体重 5～6 kg，中型兔 3～4 kg，小型兔 2～2.5 kg。引入我国的大多数为中型兔，少数为大型兔，未见小型兔。耳长达 13 cm 以上，宽处约 6 cm，显得尤为长大；两耳直立，耳根较细，耳端微尖，呈"柳叶"形，耳郭较薄、血管清晰可见；全身被毛纯白，眼球红色，母兔颌下肉髯发达；体形狭长略显清秀，头偏小，后躯欠丰满，前肢较细。一般成年兔体重 4.1～4.2 kg，少数达 5.0 kg 以上；母兔一年可繁殖 4～7 胎；平均产活仔数 7～8 只，母性和哺育力强，断奶成活率一般在 90% 以上。该兔适应性较强，皮板厚实，繁殖力较好，因耳大血管清晰，适宜作实验兔。缺点是骨架较大，屠宰率、净肉率均不如新西兰白兔和加利福尼亚兔。

9. 哈尔滨大白兔

哈尔滨大白兔简称哈白兔，属以产肉为主的大型皮肉兼用兔，由中国农业科学院哈尔滨兽医研究所于 1986 年育成。

该兔全身被毛纯白；头部大小适中，耳大直立略向两侧倾斜，眼大呈红色；体躯结构匀称，肌肉丰满，四肢强健；哈白兔从体形上可分为两种类型，一类形似比利时兔，体形较大；另一类形似大耳白兔，肉髯发达，体形稍小。一般成年兔体重为 4.5～5.0 kg，少数可达 5.5 kg；繁殖性能好，平均胎产仔数为 10 只左右；屠宰率 54% 以上。该兔生长快，繁殖性能、产肉性能好；缺点是遗传不够稳定。

10. 四川白兔

四川白兔俗称菜兔，属小型皮肉兼用兔，是国家级畜禽遗传资源保种的家兔地方品种之一。原产于成都平原和四川盆地中部丘陵地区。

该兔体形小，结构紧凑；头清秀，嘴较尖，颌下无肉髯；眼为红色；两耳较短直立，耳长 10 cm 左右；腰背平直、较窄，腹部紧凑，臀部欠丰满；被毛毛质优良，多数为纯白色，间有胡麻色、黑色、黄色和黑白花色的个体出现（杂色不宜留种）。12 月龄成年兔体重 2.5～3.0 kg。90 日龄屠宰，平均体重为 1.5～1.6 kg；全净膛屠宰率为 50% 左右。年产仔 7 窝以上，平均窝产仔 6.8 只。该兔适应性强、耐粗饲，自然血配受胎率高，年产仔数潜力大，肉质好；缺点是生长较慢，体形小。

11. 塞北兔

塞北兔系由原河北省张家口农业专科学校利用法系公羊兔和佛朗德巨兔（比利时兔）杂交选育而成，属以产肉为主的大型皮肉兼用兔种。

该品种分三个毛色品系。A 系被毛黄褐色，尾巴边上部为黑色，尾巴腹面、四肢内侧和腹部的毛为浅白色；B 系纯白色；C 系草黄色。该品种被毛浓密，毛纤维稍长；头中等大小；眼眶突出，眼大而微向内凹陷；下颌宽大，嘴方，鼻梁有一黑线；耳宽大，一耳直立，一耳下垂；颈部粗短，颈下有肉髯；肩宽广，胸宽深，背平直，后躯宽，肌肉丰满，四肢健壮，体形大。成年兔体重平均为 5.0～5.5 kg，高者可达 7 kg。年产仔 4～6 胎，胎均产仔 7～8 只。该兔耐粗饲，适应性广，繁殖力较强，性情温驯；缺点是毛色、体形尚欠一致。

12. 九嶷山兔

九嶷山兔原名宁远兔，产于湖南永州九嶷山区，在当地俗称山兔。属小型皮肉兼用型地方兔种。2010 年 9 月通过国家畜禽遗传资源委员会地方兔种资源鉴定。

该兔毛色以白色、灰色为主，偶见黄色、黑色。结构紧凑，头型清秀，毛短而密，四肢强壮，行动敏捷，尾较短。据调查统计结果：母兔平均胎产仔数 7.7 只，年产仔 7 窝以上；成年兔体重 2.6～3 kg，3 月龄屠宰体重 1.6 kg，屠宰率 50% 左右。该兔适应性好、耐粗饲；性成熟早、繁殖能力强；缺点是生长较慢，体形较小，个体差异较大。

二、肉兔主要经济性状

饲养肉兔，在同样管理条件下，生长速度快，适应性强，繁殖性能高，遗传性稳定，可获得更高的经济效益。肉兔的主要经济性状有：

1. 生长速度

饲养肉兔的主要目的，就是要获得数量多、质量好的兔肉产品，所以种兔本身就应该具有生长发育快的特点。肉兔的生长发育主要看体重、体尺的增长，凡选留作种兔者其体重和体尺均要求在全群平均数以上。

测定肉兔生长发育的具体指标为生长速度，即日增重(g/d)，按下列公式计算：

生长速度(g/d)＝统计期内肉兔增重(g)/统计期内饲养天数

所谓统计期是指断奶至屠宰时的时间，商品肉兔按 4～10 周龄计算，种用肉兔按 6～13 周龄计算。

2. 料肉比

优良种兔应对周围环境和饲料条件有较强的适应能力，尤其是对饲料营养应有较高的利用转化能力。测定饲料营养利用转化能力的具体指标为饲料转化率，即单位增重的饲料消耗量，又叫料肉比，按下列公式计算：

料肉比＝统计期内饲料消耗量(kg)/统计期内肉兔增重量(kg)

在实际生产中，由于目前国内饲料配方尚未统一，缺乏共同的标准，不能相互比较。因此，应将饲料中的营养成分折算成可消化能或可消化蛋白质的含量，再进行计算较为合理。良种肉兔的理想料肉比应为（2.8～3.2）：1。

3. 繁殖性能

要想普遍提高兔群质量，优良种兔必须具有较高的繁殖性能，以不断更新低产兔群，为生产兔群提供更多的优良种兔。繁殖性能主要是指受胎率、产仔数、产活仔数、初生窝重、泌乳力和断奶窝重等。

(1) 受胎率：指 1 个发情期内受胎母兔数占配种母兔数的百分比，按下列公式计算：

受胎率＝1 个发情期内配种受胎母兔数/参加配种母兔数×100%

(2) 产仔数：指每只母兔的实际产仔数，包括活仔、死胎和畸形胎数。

(3) 产活仔数：指称测初生窝重时的活仔数，初产母兔按一、二胎平均数计算。

(4) 初生窝重：指全窝仔兔哺乳前的体重（不包括出生后死亡仔兔）。

(5) 泌乳力：用 3 周龄仔兔窝重表示，包括寄养仔兔，以克为单位，取其整数。

(6) 断奶窝重：指全窝断奶仔兔的重量，包括寄养仔兔，以千克为单位。

4. 遗传性能

优良种兔不仅本身生产性能要高，还要具有稳定的遗传性能，能将本身的优良性能稳定地遗传给后代。表示遗传性能的具体指标是遗传力。

从理论上讲，遗传力值的范围应在 0～1 间。在肉兔生产中，凡遗传力值低于 0.2 的称低遗传力，大于 0.4 的称高遗传力，0.2～0.4 间的称中遗传力。

三、肉兔生产技术指标要求

为了合理地组织肉兔生产，应根据肉兔品种、养殖数量以及技术水平，科学合理地确定生产技术指标。根据我国目前实际情况和现有生产水平，对存栏基础母兔 200 只以上的肉兔饲养场实行标准化生产管理方式，采用先进饲养工艺和技术，以周为单位的集约化组织形式。

其主要生产技术指标应达到以下要求：

(1) 平均每只母兔年生产 6～7 胎；

(2) 平均窝产仔数 7～8 只/胎；

(3) 断奶仔兔存活率 95% 以上；

(4) 幼兔阶段存活率 85% 以上；

(5) 每只母兔年提供 40 只以上商品肉兔；

(6) 种兔利用年限为 2 年；

(7) 肉兔平均日增重 30 g 以上；

(8) 达 2.5 kg 出栏体重的日龄为 90 天左右（12 周左右）；

(9) 商品肉兔屠宰率 50% 以上。

第二节　后备种兔的选育标准

一、后备公兔的选育标准

公兔品质的好坏直接关系到整个兔群的生产水平，因此选好后备公兔至关重要。

1. 品种特征明显。符合该品种的品种外貌特征。

2. 父母生产优秀。一般要求父亲体形大，生长速度快；母亲产仔性能优良，母性好，泌乳能力强。

3. 身体匀称，精神饱满，运动灵活。

4. 睾丸发育正常，大而匀称。

5. 性欲旺盛，胆子大。

6. 选择强度一般在 10％以内，即 100 只公兔内最多选留 10 只。

7. 健康无病。

二、后备母兔的选育标准

1. 品种特征明显，符合该品种的品种外貌特征。

2. 身体匀称，精神饱满，运动灵活。

3. 乳房数目 4 对以上，排列对称，无肿块。

4. 外生殖器发育正常，无畸形、渗出。

5. 健康无病。

第三节　种兔繁育的标准化操作流程

一、种兔繁育的技术管理

1. 初配年龄选择

性成熟是指仔兔生长发育到一定阶段，公兔睾丸中能产生具有授精能力的精子、母兔卵巢中能产生和公兔精子结合的卵子时。同品种母兔性成熟一般比公兔早约 1 个月，饲养条件优良、营养好的比营养差的早 15 天左右。

初配年龄是指家兔在性成熟后，身体器官发育基本完善，体重达到一定水平，适宜配种的年龄。正常饲养条件的情况下，性成熟后经过一个月左右，体重达到成年标准体重的 70％～80％，即可进行配种。不同品种类型种兔初配年龄及适宜体重见表 2 - 1。

表 2 - 1　　　　　不同品种类型种兔初配年龄及适宜体重参考表

品种类型	性成熟年龄（月龄）	初配年龄（月龄）	适宜体重（kg）
小型品种	3～4	4～5	2.5～3
中型品种	4～5	5～6	3.5～4
大型品种	5～6	6～7	4.5～6

2. 利用年限确定

种兔的利用年限一般公兔为3～4年，母兔为2～3年。如果种兔体质健壮，其年限可适当延长，但对过于衰老和繁殖能力差的要及时淘汰。母兔随着年产窝数的增加，其利用年限随之缩短。

3. 公母比例控制

在商品肉兔的生产中，实行本交的公母比例一般为1∶(8～10)，实行人工授精则为1∶(50～100)。生产种兔的兔群，其采取本交的公母比例一般为1∶(5～6)。

4. 发情判断技术

(1) 发情周期

母兔性成熟后表现出性兴奋和产生性欲等一系列发情症状和表现，称为发情。从上一次发情开始到下一次发情开始的时间间隔称为发情周期。母兔的发情周期一般为8～15天，一般持续3～4天。

(2) 发情鉴定

母兔发情主要有以下几个方面的变化：

① 外生殖器变化：母兔发情周期一般为8～15天，发情持续期3～5天。将母兔仰躺，左手翻看母兔阴部，正常阴部黏膜为苍白色，较干燥。发情母兔的外阴部变得松弛、红肿和潮湿，阴部黏膜颜色按时间顺序是刚开始发情时呈粉红色，逐渐变为深红色，后期为紫红色。

② 行为变化：发情时母兔表现兴奋，活动频繁，烦躁不安，吃食减少，跺脚，踏脚刨地，常在食槽及其他用具上摩擦下颚，爬跨其他兔。

③ 公兔试情表现：当公兔进入其笼后，主动接近、挑逗公兔。当公兔爬跨时，母兔站立不动，抬臀，举尾以迎合交配。

5. 配种操作技术

(1) 适时配种

家兔属于刺激性排卵动物，一年四季均可配种。母兔发情以气候适宜的春秋季较为明显，夏季和冬季不仅性欲低下，发情表现不明显，受胎率也低。实践表明，“粉红早，黑紫迟，大红正当时”，即最佳配种期为发情中期，阴部黏膜呈大红色且充血肿胀时。此时配种，受胎率最高。

对于发情母兔，配种应在饲喂后1～2小时进行，夏天早晚进行，冬天中午进行，春秋季则以上午为宜。

采用人工授精的母兔，以在排卵刺激后2～8小时配种为宜。

（2）配种方法

① 自由交配法：将公母兔混养在一起，任其自然交配的方法。目前已较少使用。

② 人工辅助法：指公母兔平时分群或分笼饲养，当母兔发情需配种时将其放入公兔笼内，配种结束后再放回原笼的方法。目前使用较为普遍。

操作要点：首先移出食槽、水盆，母兔后阴剪去污毛并消毒，把母兔抓到公兔笼中。待配种完成，立即将母兔抓出公兔笼，倒提母兔并轻拍其臀部几下，促使其子宫收缩，防止精液流出体外，增加受胎率，然后将母兔放回笼内，并做好配种记录。

③ 人工授精法：指由人工采集公兔精液，经品质检查、稀释后，再输入到母兔生殖道中，使其受胎的方法。大型兔场可以采用此法。

（3）配种注意事项

① 患病种兔不能配种。

② 血缘关系在 3 代以内不能交配。

③ 正确掌握配种时机。

④ 提前准备记录表格并详细记录。

6. 妊娠检查技术

（1）妊娠期

母兔怀孕期平均为 30～31 天，变动范围为 29～35 天。超出时间范围为异常妊娠，需要查找原因，避免下次出现同样情况。

（2）妊娠检查技术

判定母兔是否怀孕的方法很多，但最简单、常用的方法是观察法和摸胎法。配种后第 8 天起，注意观察和检胎。

① 摸胎法：生产实践中多用此法，一般在配种后 10～12 天。检查时，将母兔提出笼外，放在桌上或者地上，把兔体平放，兔头朝向摸胎人怀中，左手抓住颈部，将其固定，右手手掌向上，拇指和食指呈"八"字形，从前向后沿腹壁轻轻滑动触摸两旁。若摸到腹侧两旁有花生米大小胎儿滑来滑去，呈椭圆形，柔软有弹性的柔软肉球，表示怀孕。肉球的大小因怀孕天数而异，怀孕 10 天左右胚胎如花生米大小，15 天左右如鸡蛋黄大小，18 天如核桃大小，20 天可触到胎儿的头部，25 天后胎儿有活动表现。若内容物呈正圆形，硬而且互相挤压，排列不规则，无弹性，

感觉粗糙则为粪球。如感觉腹部柔软如棉则表明没有怀孕。摸胎最好早晨空腹时进行，检胎动作要轻，不可用力挤压，以防流产。一旦确定母兔怀孕后，不得再轻易摸胎。

②试情法：母兔交配5～7天后，将其放入公兔笼内进行复配试情，若母兔沿笼逃窜、拒绝交配，或躲在一角，尾巴紧闭，发出"咕咕"的叫声，表明可能受孕，反之则没有受孕。该法准确性较差，还可能导致孕兔流产。

③称重法：在母兔配种前进行称重，待配种12天后再次称重，如体重增加150 g以上，则母兔可能怀孕。该法适用于成年经产母兔，对初配母兔准确性差。

④观察法：母兔配种后性情变得安静，好静不好动，食欲明显增加，有时可能出现偏食现象。母兔毛色变得光亮，乳房逐渐增大，体重明显增加，腹围明显增大，这些都是可能妊娠的征兆。

7. 分娩护理技术

(1) 分娩预兆

①产前3～5天：乳房开始发胀，并可挤出少量乳汁，外阴部肿胀，黏膜潮红湿润，食欲减退甚至不吃食，腹部凹陷，尾根和坐骨韧带松弛。

②产前8小时左右（或1～2天）：开始衔草拉毛筑窝。

③产前1～2小时：衔草拉毛次数明显增加，频繁出入产箱。

④生产开始：频频排尿，腹部阵缩变硬，阴道流红。

(2) 分娩过程

母兔因腹痛加剧，蹲伏巢箱，呈犬卧姿势，精神不安，顿脚刨地，背部隆起，口舔阴部，并发出轻轻的"咕咕"声，努责，排出羊水、胎盘、仔兔，母兔一边产仔一边吃掉胎盘，咬断脐带，舔干仔兔身上的血液和羊水。分娩时间很短，多在20～30分钟完成。个别母兔在产下第一批仔兔后间隔数小时甚至数十小时后再产第二批仔兔亦属正常。

(3) 分娩护理

①一般在分娩前2～3天及时将消毒过的产箱放置在兔笼内。用过的产箱要提前清理干净，消毒并晒干，做到产箱无菌、无异味、无杂物。可给予干净干草、毛巾、卫生纸、棉花球等，让母兔做窝。拉毛不好的，可协助拉毛。

②为母兔提供一个适宜的环境并保持环境的安静，光线不要过强，

温度适宜。

③ 做好产中护理。如见母兔流血不止，或仔兔卡在阴道里久久不能产出应由有经验的兽医助产。

④ 准备饮水。母兔产后即跳出产箱寻找水源，应立即给予事先准备好的淡盐水，加上红糖或少量葡萄糖。母兔一旦找不到饮水就会残食仔兔。

⑤ 分娩结束后及时检查，清点仔兔数量，清除污物、血毛和死胎。

⑥ 称重，做好仔兔保温，确保仔兔吃好初乳。

⑦ 做好记录。如实详细记录产仔数、窝重、死胎弱胎等生产情况。

二、杂交繁育的标准化操作流程

1. 杂交繁育　利用两个或两个以上肉兔品种进行交配繁育后代的方法叫作杂交繁育。其后代称为杂交兔，往往在生活力、抗病力、生长速度、生产性能等方面表现出超过其父母代，通常称之为杂交优势。

2. 杂交繁育方法　杂交繁育可分为经济杂交和育成杂交。经济杂交利用杂交一代的生产性能优势生产商品兔，而育成杂交主要用于培育新的品种（系）。在商品肉兔生产中常见的有两系杂交和配套系。

（1）两系杂交也叫二元杂交、简单杂交。两个品系间的简单杂交，其一代杂种直接用于商品生产。所用的两个品系，可以是品种内的，也可以是两个品种间的品系杂交。一个品种或品系的公兔与另一品种或品系的母兔进行交配，其后代全部商品育肥。如新西兰白兔与加利福尼亚兔杂交后，其后代的生产性能和繁殖能力都高于双亲的平均值。

父母代　　　　　　　　A系♂×B系♀

↓

商品代　　　　　　　　AB

（2）配套系指以数组专门化品系（多为3或4个品系）为一组，作为亲本进行杂交。

三系配套杂交也称三元杂交，先用 A 品种公兔与 B 品种母兔交配，其后代中优秀的母兔再与 C 品种公兔交配，所生后代全部育肥。

四系配套杂交也称四元杂交或双杂交。用四个品系分别两两杂交，所生后代优秀个体再杂交，形成具有四个品系的特点、生活力强的杂交兔。如法国伊拉肉兔配套系，其生产流程如下：

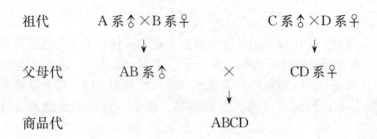

三、种兔性能测定的标准化操作流程

1. 体重、体尺测量

（1）体重：称重应在早晨饲喂草料及饮水之前进行。应称取初生窝重（产后 12 小时内产活仔兔的全部重量）、断奶重（断奶个体重和断奶窝重两个指标）、70 日龄重、3 月龄重，以后每月称重一次，周岁以后，每年称重一次。

（2）体尺：一般测 3 月龄、初配和成年时的体长和胸围。体尺测量应与称重同时进行。体长指从鼻端到坐骨端的直线长度，胸围指肩胛骨后缘绕胸部一周的长度，以软尺度量。

2. 成活率

常用的有断奶成活率、幼兔和商品兔成活率。计算方法为：

断奶成活率＝断奶仔兔数/产活仔兔数×100%

幼兔成活率＝3 月龄幼兔成活数/断奶仔兔数×100%

商品兔成活率＝出栏数/入舍幼兔数×100%

3. 繁殖性能

主要包括受胎率、产仔数、产活仔兔数和泌乳力等。

（1）产仔数指母兔的实产仔兔数，包括死胎、畸形。产活仔兔数则指母兔产的活仔数，种母兔成绩按连续三胎（1～3 胎）平均数计算。产仔数有胎产仔数和年产仔数两个指标。泌乳力用 21 天仔兔窝重来表示（包括寄养仔兔）。

（2）受胎率＝一个发情期配种的受胎数/参加配种的母兔数×100%

4. 产肉性能

主要指标有生长速度、饲料转化率、屠宰率。

（1）生长速度(g/d)＝统计期内兔增重/统计期饲养天数

饲料转化率＝统计期内饲料消耗量/统计期内兔增重×100%

（2）屠宰率＝胴体重/宰前活重×100％

（3）胴体重有全净膛和半净膛两项，测定时应注明。全净膛指放血、去皮、头、尾、前肢（腕关节以下）、后肢（跗关节以下）及剥除内脏的屠体；半净膛指在全净膛的基础上保留肝、肾和腹壁脂肪。

（4）宰前活重指屠宰前停食 12 小时以上的活重。

四、引种的标准化操作流程

（一）拟定引种计划

1. 计划的内容包括养兔时间，引种的品种类型和数量、来源与饲养目标、饲料、用具、设备等的数量。

2. 制订计划应考虑当地市场需求、饲养条件和自己的资金状况，引种数量要适当。引种可根据市场需求随时调整，坚持循序渐进、分批次进行的原则，由少到多逐渐发展。

3. 一般农户可以饲养 30 只基础母兔起步，投资较大的兔场饲养 200 只基础母兔就行。

4. 公母比例一般为 1：（8～10），即引入 8～10 只基础母兔需同时引进 1 只公兔。

（二）做好引种准备

1. 兔舍清理与消毒

（1）将所有的病、死、活兔清理出兔舍。

（2）清理杂物。

（3）清理残留在地面、墙壁上的污物。

（4）用清水冲兔舍和舍内设备。

（5）将笼具和设备移出兔舍。

（6）将粪便清理出兔舍。

（7）如果舍内昆虫较多，在清理兔舍之前要先使用杀虫剂杀灭昆虫。

（8）清扫地面、粪沟以及垃圾。

（9）用消毒水清洗兔舍和笼具、设备。

（10）空舍 2 周以上。

（11）在兔舍内使用灭鼠药。

（12）关闭兔舍以防止鸟类、鼠类进入兔舍。

（13）将舍内的灭鼠药清除。

（14）清洗料线、产仔箱、水线。

（15）维修兔舍、笼具和设备等。

（16）对兔舍进行消毒。

（17）对笼具、设备等进行消毒。

（18）对地面、粪沟进行消毒。

（19）安装设备，准备兔群入舍。

（20）用甲醛熏蒸消毒。

◆消毒操作流程：

冲洗干净兔舍，准备物品、工具——→入舍前 8 天用季铵盐和碘类消毒剂喷雾消毒两次——→入舍前 7 天熏蒸前再用季铵盐和碘类消毒剂喷雾消毒一次，提高湿度，增强熏蒸效果——→入舍前 7 天每平方米用 14 mL 甲醛∶28 g 高锰酸钾熏蒸消毒 24 小时；水线同时用消毒剂浸泡 24 小时——→入舍前 12 小时再用季铵盐或碘类消毒剂喷雾消毒一次——→烘干兔舍，用清水擦干料盒。

2. 饮水系统清洗

（1）使用水线时：将一定比例的清洗液加入饮水系统并在系统中存放 2 小时以上，再用干净清水冲洗。

（2）使用水碗、水槽时：将水碗、水槽放入一定比例的清洗液中浸泡 4 小时以上，然后用清水刷干净。

（3）常用的清洗液混合比例见表 2-2。

表 2-2　　　　　　　　常用的清洗液混合比例

适用范围	清洗液名称	混合比例	备注
碱性水	氨	1.0 mL/L	
酸性水	醋酸	8.0 mL/L	
	柠檬酸	1.7 mg/L	

3. 设施设备准备

常用设施设备调整方法见表 2-3。

表 2 – 3　　　　　　　　　　常用设施设备调整方法

设备名称	调整方法	达到状态
水　线	用水冲洗干净沉淀物;清洗乳头、过滤器、加药器;酸性消毒剂浸泡 6 小时;清水冲干净;封闭水线,用清水充满后检测密封情况;放掉水备用	1. 系统内部干净、外部擦洗干净; 2. 无滴漏现象
料　线	清残料;擦干净料箱、料盘和料管外壁;冲洗料线;电机、轴承维护检修;用前 6 小时用新鲜饲料清理料管内部	1. 料盘、料箱干净; 2. 噪声小; 3. 无残留的饲料
刮粪机	冲刷干净;火碱消毒;清水冲洗;轴承等部位维护;紧绳子;调整刮板	1. 运转流畅、无杂音; 2. 刮粪干净
风　机	保护、维修电机;冲洗干净扇叶、百叶窗上的灰尘;擦干净边框;调整皮带;调试	1. 运转流畅、无杂音; 2. 排风量符合标准
暖风机	保养电机、轴承;清理盘管、管道;加固风管;噪声检查	1. 运转流畅、无杂音; 2. 排风量、提温能力符合要求
湿　帘	通水检查	无滴漏,冬季密封
照　明	线路检查;节能灯补齐	照明正常
供水系统	清理过滤杀菌器;化验水质	1. 过滤杀菌系统正常; 2. 水质达标
供电系统	线路安全检查;发电机正常性能检查	1. 无隐患; 2. 发电机每周发动 2 次,随时启动,柴油储存不低于 24 小时用量
供暖系统	锅炉的检修;管道试压测漏;供暖观察	1. 无隐患; 2. 能随时启动,工作正常

4. 种兔入舍准备

(1) 种兔到场前安装并检查所有设备设施,确保运转正常。

(2) 正确计算入场的肉兔数量,并提前提供与之配套的笼具、设备等。

（3）寒冷季节，提前启动供暖设施预热兔舍，使兔舍温度达到 15 ℃～25 ℃。

（4）检查饮水系统是否畅通并在种兔到达前将水加满。

5. 其他准备

（1）充足的、优质的饲料。

（2）科学、合理的饲养计划和方案。

（3）兔场、兔舍门口的消毒池、消毒脚垫。

（4）兔场、兔舍专用的工作服、工作鞋、工作帽等。

（5）需要的工器具和物料。

（6）根据性别、年龄确定的种兔安置方案。

（三）开展产地调查

确定引种前，应到计划引种地区开展产地调查。产地调查要点如下：

（1）应选择到管理科学、技术雄厚、种兔多、信誉高、服务周到的专业育种场、国有种兔场或相应的专业人户那里去选购。

（2）核查引种场"动物防疫条件合格证"、"种畜禽生产许可证"、"营业执照"等相关资质证书。

（3）参观比较 3～5 个同类型的种兔场，选择品种优良、种兔生产性能高、价格便宜、运输方便的兔场购买。

（4）禁止从最近 1～2 个月内发生过传染病的兔场引种，也不可到兔病流行的地区调种。

（5）不得到集市上盲目大量收购。

（四）种兔个体选择

选择种兔应从以下 6 个方面进行衡量：

（1）品种纯正，外形、被毛、繁殖等要符合品种标准和品种特性。

（2）结构匀称，精神饱满，运动灵活。

（3）体质健壮，健康无病，口腔黏膜无溃疡，无耳螨、毛癣、脚癣和肿块，肛门附近无污粪。

（4）头部大小应与躯干协调一致。眼睛明亮有神，门齿排列整齐，除公羊兔双耳下垂、塞北兔单耳下垂外，其他兔种应双耳直立，耳宽大且活动灵活。颈部发达，胸宽而深，背腰宽广平直呈轻度后高前低，臀宽而圆、肌肉丰满发达，腹部容积大而有弹性。四肢姿势端正，伸展灵活，强壮有力，爪白质嫩并隐藏在脚毛之中。公兔睾丸发育正常，无单睾、隐睾。母兔乳头 4 对以上，排列对称，饱满均匀，外生殖器发育正常、无渗出液和畸形。

（5）以年龄 3～4 月龄，体重 1.5～2 kg 的青年兔为宜。5～6 月龄也可引进，但成本稍高。切忌选购年老体弱兔、幼年兔和孕兔。

（6）审查和获取系谱。详细审查系谱，并索取种兔卡片及其系谱资料。所购公兔与母兔之间血缘关系要远。

（五）检疫与运输

1. 检疫申报

（1）运输种兔之前，应要求供种场提前 15 天向当地动物卫生监督机构或其派出机构申报产地检疫，取得《动物检疫合格证明》。

（2）种兔到达目的地后，应在 24 小时内向本地动物卫生监督机构报告。

（3）如跨省引种，还需通过本地动物卫生监督机构填写《跨省调运种用乳用动物审批表》，向本省省级动物卫生监督机构申请办理跨省调运检疫审批手续，取得许可后方可外出引种。

检疫申报操作流程

根据农业部《动物检疫管理办法》规定，检疫申报按以下流程进行操作：

○提前检疫申报。到当地动物卫生监督机构设立的动物检疫申报点现场填写检疫申报单，或通过电话、传真、电子邮件、网络等方式进行申报；非现场申报的需在检疫时补填申报单。

申报时应提供养殖场"动物防疫条件合格证"、"种畜禽生产经营许可证"、养殖场营业执照或负责人身份证、货主及其联系方式、承运人及其联系方式、运载工具号码、启运时间等信息。跨省调运的，还需提供《跨省调运种用乳用动物审批表》。

○约定检疫方式。官方兽医现场实施检疫的，应提供养殖档案供核查；在指定地点实施检疫的，需携带养殖档案。

○取得检疫证明。经官方兽医检疫合格的，取得"动物检疫合格证明"并随货同行。

2. 运输工具准备

（1）引种前 10 天，按照每只兔 0.05～0.08 m²、1 兔 1 隔（格）的原

则准备好运输笼具。笼具的制作材料要坚固、抗压，采用竹笼为宜，也可选用塑料笼或铁丝笼。新竹笼有毛刺的，应使用火焰消毒器喷烧 1 遍，确保光滑，防止刺伤种兔。不得使用旧笼，以防种兔染病。

（2）引种前两天，将运输笼具和车辆清洗干净，并用 2%～3% 的来苏尔溶液喷雾消毒。

（3）车辆和笼具还须符合气候特点，寒冷天气要考虑防寒保温，炎热天气要考虑通风换气。

3. 运输过程管理

（1）公母兔应分开装笼，同时注意装载密度，每兔 1 隔（格）。

（2）兔笼装放平稳，一笼压一笼，然后用铁丝或绳子与运输车一起固定。

（3）运输中要保持平稳安全，防止车内笼具颠覆或挤压。

（4）运输中每 4～6 小时停车休息 1 次，并检查车辆及兔的情况。

（5）夏季应注意防暑和通风，尽量在傍晚和夜间运输。若遇到炎热高温天气时，可在树荫下停车避暑，最好同时用冷水喷雾于兔的身上。

（6）冬季运输应注意保温。

（7）运输时间超过 48 小时的，应当备足饲料。饲料应尽量选用易消化、含水分的青绿饲料，如野青菜、青干草、大头菜、胡萝卜等，并尽可能停车喂兔，禁止喂给菠菜、水白菜和马铃薯等，以防发生腹泻。精料不喂或少喂。

（8）种兔运到目的地后小心地将种兔从运输车辆上卸下，并准确记录数量和耳号等。

（9）种兔卸载后，要将运输用过的垫草、纸箱及排泄物等进行焚烧或深埋处理，并对运输工具、笼具、用具进行全面消毒。

（六）暂养管理

（1）抵达后，种兔安排进入隔离舍暂养。

（2）工作人员应有 2～4 小时不进入兔舍打搅兔群，以便兔群尽快适应新的环境和舍内设施。

（3）种兔抵达后 1～2 小时供给 1% 的电解多维或 5% 葡萄糖溶液饮水。

（4）抵达后第 2～3 小时可给予少量优质青绿饲料（含水量不能太高）。

（5）抵达后 4～6 小时按正常采食量的 30%～50% 饲喂供种场饲料。

（6）在抵达 24 小时内注射兔瘟疫苗，每只 1 mL。

（7）第 3 天，可以按正常采食量供给饲料。

（8）第 5～10 天，每天用本场饲料替换原供种场带回的饲料的 1/7～1/5，逐步更换为本场饲料。

（9）坚持每天巡查，发现病兔及时处理。

（10）隔离饲养 30 天以上没有发现疫病方可转入种兔舍或混群饲养。

第三章　饲料质量的标准化管理

第一节　肉兔营养需要的技术管理

一、肉兔营养需要

营养需要是指保证肉兔健康和正常生产性能所需要的营养物质，包括能量、蛋白质、脂肪、维生素、矿物质、粗纤维和水等。一般用每只兔每天所需要的营养物质的绝对量或每千克日粮中营养物质的相对量来表示。

1. 能量　肉兔的一切生命活动都需要能量，其主要来源是饲料中的碳水化合物、脂肪和蛋白质，其中碳水化合物在植物性饲料中占70%左右，是肉兔能量的主要来源。日粮中能量过低，就会导致生长缓慢，产肉性能下降。日粮中能量过高，则可引起消化道疾病或因脂肪沉积导致种兔繁殖性能下降。

2. 蛋白质　蛋白质是一切生命活动的基础和源泉，也是兔体的主要组成部分。如日粮中蛋白质过低，可导致肉兔生长受阻、体重下降、种兔繁殖能力减弱。日粮中蛋白质含量过高，不仅造成浪费，还可引起消化不良甚至导致中毒死亡。

3. 脂肪　脂肪是构成体组织的主要成分之一，是储存能量的主要物质，还具有隔热保温、支持保护脏器和关节的作用，参与维生素 A、维生素 D、维生素 E、维生素 K 等脂溶性维生素的代谢。日粮中脂肪严重缺乏，可引起肉兔生长受阻、皮肤干燥、脱毛、瞎眼及繁殖性能下降。

4. 粗纤维　粗纤维是植物细胞壁的主要成分，对维持肉兔正常的消化功能发挥重要作用。日粮中粗纤维过低，可导致消化紊乱，出现腹泻；过高则引起生产性能下降。

5. 矿物质　参与兔体各种生命活动，是肉兔健康和正常生长、繁殖不可缺少的营养物质。主要有钙、镁、磷、钾、钠、铁、铜、钴、硒、锰、锌、碘等。

6. 维生素　参与兔体新陈代谢，对肉兔生长、繁殖和维持健康关系密切，不可或缺。缺乏时，可引起生长停滞、食欲减退、抗病力减弱、生产及繁殖力下降甚至死亡。

7. 水　系肉兔生命活动所必需，参与营养物质的运输、消化、吸收及粪便排出，参与兔体体温调节和新陈代谢。肉兔需水量为每日每千克体重 100～120 mL。肉兔日饮水量与季节、温度、年龄及生理状况、饲料种类等有关。夏季饮水增加，幼兔较成年兔相对较多，哺乳母兔饮水则更多，饲喂青绿饲料较多则饮水减少。

二、肉兔饲养标准

饲养标准是根据不同年龄、体重、生理特点和生产性能所制定的每兔每天所需要的各种营养物质数量。应用饲养标准有利于充分发挥肉兔的生产潜力和提高经济效益。目前，我国肉兔最新的饲养标准是山东省农业大学李福昌教授起草的《山东省肉兔饲养标准》（DB37/T1835—2011），由山东省质量技术监督局于 2011 年 3 月 2 日发布。

1. 山东省肉兔饲养标准

山东省肉兔饲养标准见表 3-1。

表 3-1　　　　　　　　　　山东省肉兔饲养标准

营养指标	生长肉兔		妊娠母兔	哺乳母兔	空怀母兔	种公兔
	断奶至2月龄	2月龄至出栏				
消化能（MJ/kg）	10.5	10.5	10.5	10.8	10.2	10.5
粗蛋白质（%）	16.0	16.0	16.5	17.5	16	16
总赖氨酸（%）	0.85	0.75	0.8	0.85	0.7	0.7
总含硫氨基酸（%）	0.60	0.55	0.60	0.65	0.55	0.55
精氨酸（%）	0.8	0.8	0.8	0.9	0.8	0.8
粗纤维（%）	≥16	≥16	≥15	≥15	≥15	≥15
中性洗涤纤维（%）	30～33	27～30	27～30	27～30	30～33	30～33
酸性洗涤纤维（%）	19～22	16～19	16～19	16～19	19～22	19～22

续表1

营养指标	生长肉兔		妊娠母兔	哺乳母兔	空怀母兔	种公兔
	断奶至2月龄	2月龄至出栏				
酸性洗涤木质素(%)	5.5	5.5	5.0	5.0	5.5	5.5
淀粉(%)	≤14	≤20	≤20	≤20	≤16	≤16
粗脂肪(%)	3.0	3.5	3.0	3.0	3.0	3.0
钙(%)	0.6	0.6	1.0	1.1	0.6	0.6
磷(%)	0.4	0.4	0.5	0.5	0.4	0.4
钾(%)	0.8	0.8	0.8	0.8	0.8	0.8
钠(%)	0.22	0.22	0.22	0.22	0.22	0.22
氯(%)	0.25	0.25	0.25	0.25	0.25	0.25
镁(%)	0.3	0.3	0.4	0.4	0.4	0.4
铜(mg/kg)	10	10	20	20	20	20
锌(mg/kg)	50	50	60	60	60	60
铁(mg/kg)	50	50	100	100	70	70
锰(mg/kg)	8.0	8.0	10.0	10.0	10.0	10.0
硒(mg/kg)	0.05	0.05	0.1	0.1	0.05	0.05
碘(mg/kg)	1.0	1.0	1.1	1.1	1.0	1.0
钴(mg/kg)	0.25	0.25	0.25	0.25	0.25	0.25
维生素 A(IU/kg)	1200	1200	1200	1200	1200	1200
维生素 E(IU/kg)	50	50	100	100	100	100
维生素 D(mg/kg)	900	900	900	100	100	100
维生素 K_3(mg/kg)	1.0	1.0	2.0	2.0	2.0	2.0
维生素 B_1(mg/kg)	1.0	1.0	1.2	1.2	1.0	1.0
维生素 B_2(mg/kg)	3.0	3.0	5.0	5.0	3.0	3.0
维生素 B_6(mg/kg)	1.0	1.0	1.5	1.5	1.0	1.0

续表 2

营养指标	生长肉兔		妊娠母兔	哺乳母兔	空怀母兔	种公兔
	断奶至 2 月龄	2 月龄 至出栏				
维生素 B_{12}(μg/kg)	10.0	10.0	12.0	12.0	10.0	0.5
叶酸(mg/kg)	0.2	0.2	1.5	1.5	0.5	0.5
尼克酸(mg/kg)	30.0	30.0	50.0	50.0	30.0	30.0
泛酸(mg/kg)	8.0	8.0	12.0	12.0	8.0	8.0
生物素(μg/kg)	80.0	80.0	80.0	80.0	80.0	80.0
胆碱(mg/kg)	100.0	100.0	120.0	120.0	100.0	100.0

2. 杭州养兔中心建议的饲养标准

目前，我国养兔生产中多采用"青粗饲料＋精料"的饲养方式。为适应这一需要，杭州市养兔中心种兔场提出了"各类兔建议饲养标准"和"精料补充料建议养分浓度"。

（1）各类兔建议饲养标准见表 3-2

表 3-2　　　　　　　　　各类兔建立饲养标准

养分	生长兔	妊娠兔	哺乳兔	成年兔	生长肥育兔
消化能(MJ/kg)	12.56	11.30	12.54	11.72	12.97
粗蛋白质(％)	18	17	20	17	18～19
粗脂肪(％)	3～5	3～5	3～5	3～5	3～5
粗纤维(％)	9	10	8	10	8
钙(％)	1.0～1.2	0.5～0.7	1.0～1.2	0.6～0.8	1.0～1.2
磷(％)	0.6～0.8	0.4～0.6	0.8～1.0	0.4～0.6	0.8～1.0
蛋氨酸＋胱氨酸 (％)	0.80	0.75	0.80	0.70	0.70
赖氨酸(％)	1.0	0.9	1.1	0.8	1.1
食盐(％)	0.5～0.6	0.5～0.6	0.5～0.6	0.5～0.6	0.5～0.6

（2）精料补充料建议养分浓度见表 3-3。

表 3-3　　　　　　　　　　　精料补充料建议养分浓度

养分	生长兔	妊娠兔	哺乳兔	成年兔	生长肥育兔
消化能(MJ/kg)	10.46	10.46	11.30	9.20	11.30
粗蛋白质(%)	16.5~17.0	16.0~17.0	18.0~18.5	15.0	15.0~16.0
粗脂肪(%)	3.0~3.5	3.0~3.5	3.0~3.5	2.0	3.0
粗纤维(%)	13.0~14.0	13.0~14.0	11.0~12.0	14.0	14.0~15.0
钙(%)	1.0	1.0	1.0	0.6	0.6
磷(%)	0.5	0.5	0.5	0.4	0.4
蛋氨酸+胱氨酸(%)	0.5~0.6	0.4~0.5	0.6	0.3	0.6
赖氨酸(%)	0.6~0.8	0.6~0.8	0.6~0.8	0.6	0.6
食盐(%)	0.5	0.5	0.5~0.7	0.5	0.5
维生素 A(IU/kg)	6000~8000	6000~8000	8000~10000	6000	6000
维生素 D(IU/kg)	1000	1000	1000	1000	1000

三、饲料原料选择

兔是单胃草食动物,食谱较广,其饲料种类繁多。其常用饲料一般可分为:能量饲料、蛋白质饲料、粗饲料、青绿饲料、矿物质饲料和饲料添加剂。

1. 能量饲料

能量饲料指干物质中粗纤维含量在 18% 以下,粗蛋白质含量在 20% 以下的一类饲料,是肉兔日粮中能量的主要来源。

(1) 种类:主要包括各类禾谷籽实和粮食加工副产品,如玉米、大麦、高粱、小麦、燕麦、稻谷、麦麸、米糠、次粉等。

(2) 特点:含能量高、营养成分丰富、适口性好、消化率高,体积小、粗纤维少、水分低,但蛋白质品质不如蛋白质饲料,矿物质、维生素较缺乏。

(3) 使用注意事项:

①粗纤维含量较低,特别是玉米,用量不宜过大,以免引起消化道疾病。

②高粱因含有单宁,适口性较差,在肉兔饲料中不应超过 10%。

③未脱壳稻谷粗纤维含量高，消化能低，肉兔日粮中控制在 5%～15%为宜。

④不同种类营养成分差别较大，使用时应注意多样化，合理搭配。

⑤高温、高湿环境下易发霉变质，产生的黄曲霉素能导致肉兔中毒。

2. 蛋白质饲料

蛋白质饲料是指干物质中粗纤维含量在 18%以下，粗蛋白质含量在 20%以上的饲料。对兔的健康和生长发育具有重要作用。

(1) 种类：主要包括植物性蛋白质饲料、动物性蛋白质饲料以及单细胞蛋白饲料，如豆饼（粕）、菜籽饼（粕）、棉籽饼、花生粕、鱼粉、蚕蛹、肉骨粉、血粉、饲料酵母等。

(2) 特点：蛋白质含量高、体积小、水分低、粗纤维含量低、适口性好。

(3) 使用注意事项：

①动物性蛋白质饲料价格较高，应合理使用，一般以占日粮的 1%～3%为宜。

②生豆粕、棉籽粕、菜籽粕等含有毒有害成分，应做脱毒除害处理。

③鱼粉、血粉适口性较差，大量饲喂可导致肉兔的胴体异味，影响兔肉品质，应严格控制使用。

④如储存不当，易发霉酸败，应注意控制。

3. 粗饲料

粗饲料是指天然水分含量在 45%以下，干物质中粗纤维含量在 18%以上的一类饲料。

(1) 种类：主要包括青干草、秸秆、荚壳、干树叶及其他农副产品。青干草由青绿饲料经晒干或人工干燥制成。其蛋白质品质较好，胡萝卜素和维生素 D 含量丰富，是肉兔最主要的饲料来源之一。

(2) 特点：体积大、重量轻、养分浓度低、蛋白质含量差异大、粗纤维含量高，较难消化。

(3) 使用注意事项：

①禾本科干草应与豆科干草配合使用。

②严禁使用发霉干草和藤蔓。

③使用时应清除尘土和霉变部分。

4. 青绿饲料

青绿饲料是富含叶绿素且多汁的一类植物性饲料。

（1）种类：主要有各种新鲜野草、野菜、天然牧草、栽培牧草、青饲作物、菜叶、水生饲料、幼嫩树叶、非淀粉质的块根、块茎、瓜果类等。规模兔场常栽培的牧草主要有苜蓿、三叶草、黑麦草、苦荬菜、莴苣等。

（2）特点：水分含量高达 60%～90%，体积大，适口性好，富含维生素和微量元素。干物质中粗蛋白含量较丰富、品质较好，必需氨基酸较全面，营养价值高。

（3）使用注意事项：

①应保持清洁、新鲜，不使用带雨露、雪霜和隔夜青绿饲料。

②须与禾本科、豆科饲草搭配使用。

③注意防止农药污染。

④严防饲喂有毒有害的青绿饲料。

5. 矿物质饲料

矿物质饲料指可供饲用的天然矿物质和工业合成无机盐类。

（1）种类：包括天然的单一种矿物质饲料、多种混合的矿物质饲料以及化工合成的无机盐。常用的有石粉、贝壳粉、蛋壳粉、骨粉、石膏、硫酸钙、磷酸氢钙、磷酸氢钠、食盐、混合矿物质补充饲料等。

（2）注意事项：食盐添加量一般为 0.3%～0.5%，过量可引起食盐中毒。

6. 饲料添加剂

饲料添加剂是指添加于配合饲料中的某些微量成分，目的是为了完善饲料的全价性，提高饲料的适口性和利用率。

（1）种类：包括氨基酸、维生素等营养性添加剂和药物添加剂、生长促进剂、防霉剂、脱霉剂、抗氧化剂、调味剂等非营养性添加剂。

（2）特点：主要是维持肉兔健康、生长和繁殖所必需或用于改善饲料品质、促进生长和防病。

（3）使用注意事项：

①赖氨酸是肉兔第一限制性氨基酸，在谷物为主的日粮中最易缺乏，适宜添加量为 0.1%～0.3%。

②维生素主要发挥生物活性作用，不可或缺。维生素 A、维生素 D_3、维生素 E 等易氧化，在保质期内应尽快使用。

③尽量使用预混剂。

④应遵循安全、经济、方便原则，不得使用农业部规定目录以外的

饲料添加剂。

⑤药物添加剂应遵守《饲料药物添加剂使用规范》要求和有关休药期规定，且不得添加禁用药品。

四、肉兔饲料调配管理

1. 饲料调配原则

（1）适口性好。原料必须适合肉兔的特性和口味。饲料适口性的好坏直接影响到肉兔的采食量，影响饲养效果。

（2）符合兔的消化生理特点。肉兔是单胃草食动物，日粮应以粗料为主，精料为辅，同时还应考虑到肉兔的采食量，容积不宜过大。

（3）充分利用本地资源。应根据实际条件，充分利用本地资源，选择经济实惠、营养丰富的饲料原料，以降低成本。

（4）原料品种要多样化。不同的饲料原料种类其营养成分差异很大，单一饲料很难保证日粮营养平衡，采用多种原料搭配，有利于营养物质的互补，从而满足肉兔的营养需要。

（5）原料质量优良。原料应具有该饲料应有的色泽、嗅、味及组织形态特征，质地均匀，无发霉、变质、结块、虫蛀及异味、异嗅、异物。

2. 饲料调配操作流程

（1）青干草的调制

青绿饲料调制青干草一般采用地面晒干和人工干燥两种方法。人工干燥又可分为低温干燥法和高温干燥法两种。低温干燥法是在 45 ℃～50 ℃室内放置数小时，使青草干燥；高温干燥法则在 50 ℃～100 ℃的热空气中脱水干燥 6～10 秒即可。

（2）粗饲料的调制

粗饲料因含纤维素多，其中木质素比例大，适口性差，利用率低，通过调制可增强适口性，提高利用率。一般有物理处理（如切碎、浸泡、蒸煮等）、化学处理（如碱化、氨化等）和微生物处理（如 EM 菌处理、微贮处理）等方法。

（3）饲料配方设计。配方设计应遵循安全、有效、不污染环境的原则，其营养指标应达到相应阶段兔的饲养标准要求。一般可以采用配方软件进行设计，由专业人员负责配制、核查。

（4）配合饲料加工操作流程

1）饲料制粒流程：原料粉碎──→称量、混合──→制粒。

2）加工注意事项：

①粉碎机筛板孔径以 1～1.5 mm 为宜。

②微量元素或预防用药应使用预混剂。

③合理控制搅拌时间。一般卧式混合机每批宜混合 4～6 分钟，立式混合机则以 8～10 分钟为宜。

④加料顺序应按照配比量大的、比重小的先加，量小和比重大的后加的原则进行。

⑤颗粒长度应根据不同生理阶段调整，以小于其口宽的一半，约口腔三分之一（0.6～0.8 cm）为宜，控制在 10 mm 以内，直径在 3～5 mm 为宜。

⑥水分应不高于 12.5%。

（5）参考配方

①仔兔料：干草粉 14%、豆粕 23%、玉米 30%、麦麸 27.5%、骨粉 2%、鱼粉 2%、食盐 0.5%、专用预混料 1%。

②幼兔料：干草粉 30%、玉米 18%、小麦 19%、豆粕 13%、麦麸 15%、鱼粉 2%、骨粉 1.5%、食盐 0.5%、专用预混料 1%。

③后备兔料：干草粉 35%、玉米 15.5%、麸皮 15%、米糠 5%、豆饼 25%、骨粉 3%、食盐 0.5%、专用预混料 1%。

④哺乳兔料：干草粉 35%、玉米 20%、豆粕 20%、麦麸 10.5%、米糠 10%、骨粉 3%、食盐 0.5%、专用预混料 1%。

⑤种公兔料：干草粉 35%、玉米 15.5%、豆粕 25%、麦麸 20%、骨粉 3%、食盐 0.5%、专用预混料 1%。

第二节　饲料质量安全的控制管理

一、影响饲料原料质量安全的因素

1. 饲料自身因素

有些植物性饲料含有有毒或抗营养物质，如棉籽饼里含有的棉酚、菜籽饼中含有的芥子苷、青绿饲料中的植酸、大豆及其饼内含有的胰蛋白酶抑制因子、发芽土豆中的龙葵素等。在使用过程中，如不对这些植物中有毒有害成分进行有效处理，就会引起动物中毒、降低饲料的营养价值和利用率，并破坏动物正常新陈代谢，使这类物质在动物体内残留，严重影响动物性食品的生产数量和质量。

　　2. 霉菌毒素的影响

　　由于饲料或饲料原料贮存不当，引起霉菌生长繁殖，霉菌在生长繁殖过程中产生的有毒代谢产物就是霉菌毒素。对饲料卫生影响较大的霉菌毒素主要有黄曲霉毒素、玉米赤霉烯酮、赭曲霉毒素、黄绿青霉素等。饲料被霉菌或霉菌毒素污染后的危害主要体现为饲料品质下降和引起动物中毒。有些霉菌在饲料中存在不会产生毒素，但大量繁殖会引起饲料变质，产生异味，严重影响适口性，引起饲料内有效的营养成分发生分解，影响饲料的营养价值，产毒霉菌在饲料中大量存在可引起动物急、慢性中毒，有的霉菌毒素还有致癌、致畸和致突变作用。

　　3. 金属元素的污染

　　重金属元素一般通过"工业三废"污染饲料，也可通过生物富集进入动物体内。目前比较常见的金属毒素包括汞、镉、铅、铬等金属元素和砷、硒等类金属元素。另外，在动物生长过程中必需的一些微量金属和类金属元素，如果添加过量也会引起动物中毒，如铜、铁、锌等。由于金属元素进入动物体内很难代谢，在动物体内容易蓄积。

　　4. 农药残留因素

　　长期、不适量使用农药，可造成农药污染环境。农药通过不同途径进入畜禽体内，并在机体的组织间，特别是动物的脂肪组织中蓄积。植物性饲料的外皮、外壳、根茎部的农药残留量较高。

　　5. 饲料添加剂的影响

　　饲料添加剂的使用应遵循安全原则，注意限用、禁用、用法、用量、配合禁忌、停药期等规定。一旦使用不合格产品或含有违禁药物的饲料添加剂，或超剂量使用等均可对肉兔的生产安全和质量安全造成负面影响。

二、饲料加工过程与储藏的质量安全管理

　　（1）控制含水量。颗粒饲料在加工过程中应严格控制水分含有量，出机后要及时冷却，蒸发水分。储藏时水分含量一般应控制在 12.5％以下。

　　（2）采取有效措施防止生产过程中的交叉污染，坚持"无药物的在先、有药物的在后"原则制订生产计划。

　　（3）生产现场的原料、中间产品、返工料、清洗料、不合格品等应当分类存放，清晰标识。

（4）保持生产现场清洁，及时清理杂物；按照产品说明书规范使用润滑油、清洗剂；不得使用易碎、易断裂、易生锈的器具作为称量或者盛放用具。

（5）添加防霉剂。雨季加工颗粒饲料必须添加防霉剂。常用的防霉剂有丙酸钠、丙酸钙和胱氨酸醋钠等，用量可根据保存期长短、含水量高低酌情添加。

（6）保持室内干燥。贮存饲料的环境应通风、干燥，容器应干净、无毒，最好用双层塑料袋包装（外层用编织袋，内层用塑料薄膜袋）。如贮存时间较长，饲料不能直接放置在地上，底层最好能用木板垫起，以防霉变。

（7）缩短贮存期。配合饲料最好现配现用，尽可能缩短贮存期，以减少营养损失，防止霉菌生长。饲料存放时间延长，维生素、抗生素等的效力会明显下降，饲料易变潮引起霉变。

（8）防止虫害、鼠害。虫害与鼠害不仅吃掉大量饲料，还能引起饲料污染变质。特别是鼠害，还有传播疫病的危险。

三、饲料卫生要求

配合饲料应色泽一致，无发霉、变质、异味及异臭；有害物质及微生物允许量应符合国家相关标准的要求；产品成分应符合标签中所规定的含量。

2006 年 11 月，北京市农业局起草制定的《肉兔生产技术规范》（DB11/401—2006）中明确了肉兔饲料的卫生指标，见表 3-4。

表 3-4　　　　　　　　　肉兔饲料的卫生指标要求

序号	卫生指标项目	饲料种类	国家标准指标	安全指标	检测方法	备注
1	砷（以总砷计）的允许量（mg/kg）	配合饲料	≤2.0	≤2.0	GB/T 13079	不包括国家主管部门批准使用的有机砷制剂中的砷含量
		浓缩料（20%）	≤10.0	≤10.0		
		添加剂预混料（1%）				
2	铅（以 Pb 计）的允许量（mg/kg）	配合饲料	≤5.0	≤4.0	GB/T 13080	
		浓缩料（20%）	≤13.0	≤10.0		
		添加剂预混料（1%）	≤40.0	≤35.0		

续表

序号	卫生指标项目	饲料种类	国家标准指标	安全指标	检测方法	备注
3	氟（以 F 计）的允许量（mg/kg）	配合饲料	≤100	≤100	GB/T 13083	
		浓缩料（20%）	≤50	≤50		
		添加剂预混料（1%）	≤1000	≤800		
4	霉菌的允许量（每克产品中）霉菌总数×10^5 个	配合饲料	<45	<40	GB/T 13092	
		浓缩料				
5	黄曲霉毒素 B_1 允许量（μg/kg）	配合饲料	≤10	≤10	GB/T 8381	
		浓缩料	≤20	≤20		
6	游离棉酚	配合饲料	≤60	≤60	GB/T 13086	
7	沙门杆菌	饲料	不得检出	不得检出	GB/T 13091	
8	盐酸克仑特罗允许量	配合饲料	不得检出	不得检出		
		浓缩料				
		添加剂预混料				

第三节　饲料使用的标准化操作流程

一、饲料使用原则

1. 营养平衡

兔需要从饲料中得到热能、蛋白质、矿物质、维生素等养分，饲料中必须含有充足的这些营养成分。近年来，兔的饲料配方设计利用了"可利用氨基酸平衡""矿物质平衡""酸碱平衡"等理论，使营养更趋于合理，配方更经济。

2. 安全

安全包括两个方面的含义：一是指不使用发霉、变质、受污染的原料，如玉米易滋生黄曲霉，产生黄曲霉毒素，磷酸氢钙的氟含量不可超标，公兔饲料中不能使用棉粕。二是指不使用易残留且对人体有危害的药物或添加剂，如氯霉素等。

3. 适口性好

提高饲粮采食量对于充分发挥兔（尤其是仔兔和哺乳兔）的生产性能至关重要，所以良好的适口性是配制饲料时应充分考虑的问题。除保证饲料原料的新鲜外，对于仔兔饲粮，可加入调味剂和香味剂。

4. 经济

营养最好的配方不一定是最经济的配方。制作全价配合饲料，无论是出售，还是自用，都应考虑经济性。为降低饲料成本，可以考虑充分利用本地资源丰富、价格低的饲料原料。

二、饲喂方式选择

1. 饲喂次数

饲喂次数应考虑如下因素：兔群种类与年龄，饲料性质，生产水平，劳动组织，牧场设施等。饲喂次数过多，生产效果未必好，在以下几种情况下，应酌情增加饲喂次数：一是幼龄兔消化道体积小，因此一次性采食量较少；二是进入肥育期兔群，不仅饲喂次数应增加，而且夜间采食时间也应适当延长。比如，育肥兔每天应喂 3~4 次，肉兔有昼寝夜行的特性，晚上应喂全天量的 50%，早上喂全天量的 30%，中午喂全天量的 20%。

2. 饲喂数量与质量控制

（1）根据生产水平的变化给料。如针对种兔个体产仔和哺乳增减趋势，确定精料补充料的配给量。实验证明，为个体分别制定饲喂程序，并在计算机和系统辅助下，可以做到准确按照个体的定额给料。这样，达到相同生产水平，可节省一定量的精料。

（2）根据气温的变化调整日粮。夏季炎热时节，采食量明显减少，各种养分的日摄入量降低，并伴随生产力下降，针对这一现象，应增加饲粮中蛋白质等养分的浓度，以确保生长发育速度和健康高产。在严寒的冬季，维持体温消耗能量较多，应适当提高日粮能量水平，并采取保温措施，以避免能量的无谓消耗和饲粮转化率明显降低。

（3）自由采食与限饲。自由采食是保持料槽内经常有料，完全满足兔类食欲。适用于采食量大、增重快的肉用育肥兔以及家兔的粗料供给。限饲是根据兔的生长发育、生产需要或特定的培育目的，为避免肥胖或体重过大而维持正常繁殖或其他性能采用的一种饲喂制度。适用于种兔。限饲常通过两个途径实现。其一，从数量上限制，即规定每天的给料量，要求少于自由采食量。其二，从质量上限制，即适当使用一些含能量和蛋白质较低的饲料原料，以使日粮的能量和蛋白质水平适当降低。这样，虽然采食量增加，但摄取的能量和蛋白质的总摄入量没有明显增加。

3. 饲料更换

饲养实践中，由于兔群进入不同的生长阶段、季节变化、原料供应发生改变或远距离引种等原因，不得不改变日粮的来源、组成或配比等。由于长时间采食某种日粮，兔群的消化器官已对其产生适应性。因此，更换饲料必须稳妥进行。

（1）要有5～7天的过渡期，以便兔群逐渐适应。

（2）选择适当的时间。特别是更换饲料种类时，应尽量避开快速生长期、生产高峰期、幼龄期和发病期。从外地引进种兔时，如有必要，应带回一些当时正在使用的饲料，以便逐渐过渡到完全使用本地饲料。

第四章 肉兔饲养管理的标准化操作流程

第一节 日常饲养管理操作流程

一、饲养管理的基本原则

良好的饲养管理是确保家兔健康成长的重要环节。肉兔饲养管理的基本原则有以下几点：

（1）青料为主，精料为辅。兔为草食动物，应以青、粗饲料为主，辅以精料，这是饲养草食动物的一个基本原则。兔不仅能利用植物茎叶、块根、果菜等饲料，还能对植物中的粗纤维进行消化，消化率为 $65\%\sim78\%$。兔采食青饲料的能力，是其体重的 $10\%\sim30\%$。不同体重家兔采食的青草量见表 4-1。

表 4-1　　　　　　不同体重家兔采食的青草量

体重(g)	500	1000	1500	2000	2500	3000	3500	4000
采食青草量(g)	153	216	261	293	331	360	380	411
采食量占体重(%)	31	22	17	15	13	12	11	10

同时，应根据生长、妊娠、哺乳等生理阶段的营养需要，每天补充精料量在 $50\sim150$ g。

规模化肉兔养殖场推荐使用全价配合饲料，既可降低投喂及清扫的工作量，节省劳动力成本，又便于组织管理，提高养兔的经济效益。

（2）饲料多样，合理搭配。家兔生长快，繁殖力高，体内代谢旺盛，需要充足的营养。因此，家兔的日粮应由多种饲料组成，并根据饲料所含的养分，取长补短，合理搭配，切忌饲喂单一的饲料，这样既有利于生长发育，也有利于营养的互补作用。

（3）定时定量、分类投食。定时、定量就是喂兔要有一定的次数、分量和时间，以养成家兔良好的进食习惯，使其有规律地分泌消化液，促进饲料的消化吸收。要根据兔的品种、体形大小、吃食情况、季节、气候、粪便情况来定时、定量给料和做好饲料的干湿搭配。

（4）调换饲料，逐渐过渡。在饲养过程中要根据季节的不同，供给不同的饲料。如夏、秋以青绿饲料为主，冬、春以干草和根茎类、多汁饲料为主。当饲料改变时，新换的饲料量要逐渐增加，使兔的消化功能与新的饲料条件逐渐相适应起来。若饲料突然改变，容易引起家兔的肠胃疾病，导致食量下降甚至绝食。

（5）注重品质，科学调制。要喂新鲜、优质的饲料，饮清洁水，不喂腐烂、发霉、有毒的饲料。对怀孕母兔和仔兔尤其要重视饲料品质，以防引起肠胃炎和母兔流产。要按照各种饲料的不同特点进行合理调制，做到洗净、切细、煮熟、调匀、晾干，以提高兔的食欲，促进消化，达到健体防病的目的。

（6）给足饮水，新鲜卫生。水乃生命之源，为家兔生存所必需。幼龄兔处于生长发育旺期，饮水量高于成年兔；妊娠母兔需水量增加，必须供应新鲜饮水，母兔产前、产后易感口渴，饮水不足易发生残食或咬死仔兔现象。高温季节需水量大，必须确保饮水的供应。家兔的饮用水要洁净新鲜，最好经过净化处理。

（7）讲究卫生，保持干燥。家兔喜干燥、爱干净，所以每天须打扫兔笼，清除粪便，经常保持兔舍清洁、干燥，使病原微生物无法滋生繁殖。同时，梅雨季节舍内潮湿，是家兔一年中发病和死亡率较高的季节，应特别注意舍内干燥。

（8）环境安静，防止骚扰。兔是胆小易惊、听觉灵敏的动物，经常竖耳听声，稍有异响，则惊慌失措，乱窜不安，尤其在分娩、哺乳和配种时影响更大。在管理上应轻巧、细致，保持环境安静，要远离采石场等噪声大的场所。同时，要注意防御敌害，如狗、猫、鼠、蛇的侵袭。

（9）夏防酷暑，冬防严寒。家兔怕热，舍温过高即食欲下降，影响生长和繁殖。因此，夏季应做好防暑降温工作，及时打开门窗通风散热。兔舍周围也应种植遮阴树或饲料作物等。如舍内温度超过 30 ℃时，应强制通风换气或降温。寒冷对家兔也有较大影响，因此冬季要注意防寒，加强保温措施。

（10）适时分笼，分群管理。为了便于管理，有利于兔的健康，兔场所有兔群应按品种、生产方向、年龄、性别等，及时分群分笼管理。

二、日常管理的基本技术

1. 家兔捕捉技术

捕捉家兔是管理上最常用的技术。如母兔妊娠摸胎、对疾病的诊断和治疗、注射疫苗、家兔的转群或转笼等，都需要捕捉家兔。如果捉兔方法不当，容易造成不良后果。如捉兔时捉提两耳，很容易造成耳根受伤，两耳垂落；捕捉家兔也不能倒拉它的后腿，若单提家兔的腰部，也会伤及内脏。对于妊娠母兔在捕捉中更应慎重，以防流产。因此，在捕捉家兔时应特别镇静，勿使它受惊。

操作流程：首先在头部用右手顺毛按摩，等兔较为安静不再奔跑时，抓住两耳及颈皮，然后左手托住后躯，使重心倾向于托住后躯的手上，要伸兔子的四肢向外，背部对着操作者的胸部，这样既不伤害兔体，也避兔兔抓伤人。

2. 年龄鉴别技术

在选购种兔或对兔群进行鉴定时，判断其年龄是非常必要的。生产中常用的方法是根据兔子的眼睛、牙齿、被毛和脚爪来综合判断。

（1）青年兔：眼睛圆而明亮、凸出；门齿洁白短小，排列整齐；趾爪表皮细嫩，爪根粉红。爪部中心有一条红线（血管），红线长度与白色（无血管区域）长度相等，约为1岁，红色多于白色，多在1岁以下。青年兔爪短，平直，无弯曲和畸形；皮板薄而富有弹性；行动敏捷，活泼好动。

（2）壮龄兔：眼睛较大而明亮；趾爪较长、稍有弯曲，白色略多于红色，牙齿白色，表面粗糙，较整齐；皮肤较厚、结实、紧密；行动灵活。

（3）老龄兔：眼皮较厚，眼球深凹于眼窝中；门齿暗黄，厚而长，有破损，排列不整齐；老年兔爪粗而长，爪尖钩曲，表面粗糙无光泽，一半露出脚毛之外，白色多于红色；皮板厚，弹性较差；行动缓慢，反应迟钝。

3. 家兔去势技术

凡不留作种用的公兔，或淘汰的成年公兔，为使其性情温驯，便于管理，或提高皮、肉质量，均可去势育肥。家兔的去势一般在 2.5～3 月龄进行（淘汰的成年公兔除外）。去势方法有阉割法、结扎法、注药法等几种。

（1）阉割法：先将待去势的家兔保定。将睾丸从腹股沟管挤入阴囊，捏紧不使睾丸滑动，先用碘酒消毒术部，再用酒精棉球脱碘。然后用消过毒的手术刀顺体轴方向切开皮肤，开口约 1 cm，随即挤出睾丸，切断精索。用同法取出另一颗睾丸，然后涂上碘酒即可。成年公兔去势，为防止出血过多，切断精索前应用消毒线先行扎紧。如果切口较大时宜缝合 1～2 针。去势后应放入消过毒的笼舍内，以防伤口感染。一般经 2～3 天即可康复。

（2）结扎法：保定兔后，先用碘酒消毒阴囊皮肤，将双睾丸分别挤入阴囊捏住，用消毒尼龙线或橡皮筋将睾丸连同阴囊一起扎紧，使血液不能流通，经 10 天左右，睾丸即能枯萎脱落，达到去势的目的。

（3）注药法：先将需去势的公兔保定好，在阴囊纵轴前方用碘酒消毒后，视公兔体形大小，每个睾丸注入 3‰～5‰碘酊或氯化钙溶液 0.5～1.5 mL。注意药物应注入睾丸内，切忌注入阴囊内。注射药物后睾丸开始肿胀，3～5 天后自然消肿，7～8 天后睾丸明显萎缩，公兔失去性欲。

4. 家兔编号技术

为便于管理和记录，可把种用公母兔逐只编号。编号的部位是耳部，编号的适宜时间是断奶前 3～5 天。一般公兔编在左耳，编单号；母兔编在右耳，编双号。编号方法有以下两种：

（1）耳标法：先准备好塑料或铝片制成的带有编号的专用耳标，用碘酒消毒要穿孔的部位，然后用耳标钳（或锋利刀具）在兔耳内侧上缘无血管处穿孔，打孔后再用碘酒消毒伤口，最后将耳标扣在家兔的耳朵上即可。

（2）耳号钳法：采用的工具为特制的耳号钳和与耳号钳配套的数字钉、字母钉。先将数字钉插入耳号钳内固定，然后在兔耳内侧无毛而血管较少处，用碘酒消毒要刺的部位，待碘酒干后涂上醋墨（墨汁中加少量食醋），再用耳号钳夹住要刺的部位，用力紧压，刺针即刺入皮内，取下耳号钳，用手揉捏耳壳，使墨汁浸入针孔，数天后即可呈现出蓝色号码，永不褪色。

三、饲养管理操作流程

以某存栏 200 只基础母兔的肉兔规模养殖场为例，详细说明其饲养管理操作流程。

1. 生产工艺

该场肉兔生产以"周"为计算单位，采用工厂化作业生产方式，将全过程分为四个生产环节，按图 4-1 所示进行。

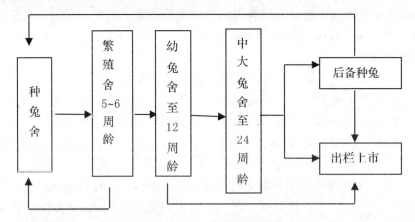

图 4-1　生产工艺流程图

（1）待产母兔阶段。在种兔舍内饲养空怀、后备、断奶母兔及公兔进行配种。每周参加配种的母兔 30 只，保证每周能有 28 只母兔分娩。妊娠母兔在临产前一周转入繁殖舍。

（2）母兔产仔阶段。母兔按预产期进繁殖舍产仔，在舍内 5～6 周，仔兔平均 4～5 周龄断奶。母兔产后 11 天进行配种，仔兔原栏饲养 3～7 天后转入幼兔舍。如果有特殊情况，可将仔兔进行合并，这样不负担哺乳的母兔提前转回种兔舍等待配种。

（3）幼兔阶段。断奶 3～7 天后仔兔进入幼兔舍培育至 12 周龄，体重达 2.5 kg 左右出栏，进行屠宰。

（4）中大兔饲养阶段。12 周龄幼兔由幼兔舍转入中大兔舍饲养至 24 周龄左右，选留后备种兔，不符合要求的予以上市。

2. 繁育工艺

该场采用 42 天周期繁育法，即以 42 天为母兔的一个繁育周期，年繁育 8.6 个周期。42 天周期繁育法如图 4-2 所示：

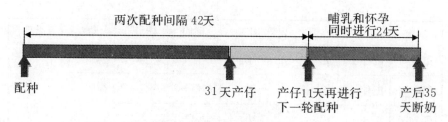

图 4-2 42 天周期繁育法

根据该场生产指标和计划要求，该场管理者制定了科学的周工作流程。

（1）制定原则：

①以周为计划单位，以配种为核心，固定配种日期、摸胎日期和断奶日期。

②饲养员应准备一个详细的记录本，每天记录，每天检查。

③每天应仔细清扫工作场所，进行日常操作和检查。

④母兔在产后 42 天配种，即 31 天妊娠加上 11 天哺乳共计 6 周。

⑤仔兔断奶时间根据仔兔情况在 32～35 天进行，即 5 周内。作为后备种兔的可以 6 周龄断奶。

⑥妊娠母兔的摸胎检查在配种后 12 天进行。未孕者在 13～15 天（2 周内）补配。

⑦采用"三同期"繁殖技术，即同期配种、同期产仔、同期断奶。

⑧确保每天固定的工作流程，并人手一份周工作流程表。

（2）周工作流程见表 4-2。

表 4-2 周工作流程表

周次	周一	周二	周三	周四	周五	周六	周日
第一周	配种－1						
第二周	配种－2					摸胎－1	
第三周	配种－3					摸胎－2	休息
第四周	配种－4					摸胎－3	
第五周	配种－5	安产箱－1	产仔－1	产仔－1	产仔－1	摸胎－4	

续表

周次	周一	周二	周三	周四	周五	周六	周日
第六周	配种—6	安产箱—2	产仔—2	产仔—2	产仔—2	摸胎—5	
第七周	配种—1	安产箱—3	产仔—3	产仔—3	产仔—3	摸胎—6	
第八周	配种—2	安产箱—4	产仔—4 撤产箱—1	产仔—4	产仔—4	摸胎—1	
第九周	配种—3	安产箱—5	产仔—5 撤产箱—2	产仔—5	产仔—5	摸胎—2	
第十周	配种—4	安产箱—6 断奶—1	产仔—6 撤产箱—3	产仔—6	产仔—6	摸胎—3	
第十一周	配种—5	安产箱—1 断奶—2	产仔—1 撤产箱—4	产仔—1	产仔—1	摸胎—4	
……	↓	↓	↓	↓	↓	↓	

按此工作循环每天形成了相对固定的工作内容。

3. 饲养员每天工作流程

根据该场确定的生产工艺与繁育工艺,该场制定了每天的具体工作流程,见表4-3。

表4-3   饲养员每天工作流程

时间	项目	内容	备注
6:00～ 7:30	兔群检查	检查兔舍温度、湿度、空气新鲜度、兔群精神、粪便状态、死亡、分娩、母兔发情、供水系统及料盒剩料情况等	每天的第一件工作
	喂料	根据兔子的大小及生理阶段添加不同的饲料和数量	注意食欲
	喂奶	实行子母分离法,将产箱放入母兔笼中	注意对号入座
	卫生	清理兔舍粪便,然后冲洗	注意空气新鲜程度,及时开关窗户

续表

时间	项目	内容	备注
8:30～11:30	配种	给发情母兔进行配种,并做好相关记录	
	摸胎	对配种或输精 12 天的母兔摸胎	未配上的要及时补配
	仔兔管理	整理产箱,检查仔兔健康情况,给留种仔兔打耳号,给商品公兔阉割,断奶等	
	免疫	按免疫程序进行免疫	定期进行,做好记录
	补料	对仔兔和哺乳母兔补料一次	
	病兔处理	对患兔隔离、治疗,并给患兔笼消毒	
	消毒	按消毒制度进行	
15:00～17:00	复配	非人工授精时,要对上午配种母兔进行复配	
	管理	完成上午未完成的工作	
	喂料	第二次全群大喂料	
19:30～21:00	整理	整理一天的记录,填写相关表格	
	补料	对仔兔和哺乳母兔补料一次	
	检查	全场进行一次检查	
	关灯休息	关灯,离开兔舍	
	其他	安排会议或培训学习	

第二节　后备种兔饲养管理操作流程

一、饲养目标

1. 保证后备公兔配种前合格率≥80%。
2. 保证后备母兔配种前合格率≥90%。
3. 后备公母兔日喂量≤120 g/d, 阶段耗料≤22 kg。

二、技术操作要点

1. 后备种兔选择

根据育种实践，采取综合选择方法，结合个体选择、系谱鉴定和后裔测验等选择方法，对种兔作出可靠的评价，以选择种兔。综合选择一般可分 5 个阶段进行：

（1）第一阶段选择（仔兔断奶时）。主要依据断奶时仔兔的体重，同时结合系谱鉴定和同窝仔兔生长发育的整齐度进行选择。

（2）第二阶段选择（10～12 周龄内）。着重测定个体重、断奶至测定时的平均日增重和饲料转化率等性状，选择方法采用综合指数选择法。

（3）第三阶段选择（4 月龄时）。主要根据体重和体尺评定生长发育情况，及时淘汰生长发育不良和患病个体。

（4）第四阶段选择（5～6 月龄时）。根据体重、体尺的增长以及生殖器官发育等情况选留，淘汰发育不良个体，对选留种兔安排配种。

（5）第五阶段选择（1 岁左右母兔繁殖 3 胎以后）。主要是根据母兔前三胎的受配性、母性、产（活）仔数、泌乳力、仔兔断奶体重、断奶成活率等情况，公兔性欲、精液品质、与配母兔的受胎率及其后裔测定结果，评定公、母兔种用价值高低，最后选出外貌特征明显、性能优秀、遗传稳定的种兔。

选择后备种兔时，一定要从良种母兔所产的 3～5 胎幼兔中选留，开始选留的数量应比实际需要量多 1～2 倍，而后备公兔最好应达到 10：1 或 5：1 的选择强度。

2. 坚持科学饲养

（1）饲喂量。饲料应以青饲料为主，适当补给精饲料，每天每只可喂给青饲料 500～600 g，混合精料 50～70 g。注意供给足够的比较优质的青绿多汁饲料和精饲料。

（2）饲料配方。青年兔饲料配方：玉米 21%、麦麸 19%、豆粕 18%、草粉 39.5%、磷酸氢钙 1%、食盐 0.5%、预混料 1%。

（3）饲喂方法。一般在 4 月龄之内喂料不限量，使之吃饱吃好，到 5 月龄后要适当控制精饲料，防止因过肥而影响种用。

3. 实行公母分群

根据生产实践，3 月龄幼兔生殖器官开始发育，已有配种要求，但尚未达到体成熟年龄，所以要在由幼兔转入青年兔群时将公、母兔及时分群或分笼饲养。

4. 选种选配，全面鉴定

（1）选留时间。在 4 月龄和 6 月龄进行两次全面鉴定。

（2）鉴定标准。外貌生长发育优良、符合品种要求、体躯匀称、健康无病、符合种用要求。

5. 搞好预防接种，注意清洁卫生

（1）适宜温度。青年兔最适宜的温度是 15～20 ℃。

（2）清洁卫生。这一阶段的兔采食量大，排泄量也大，饲养员一定要加强兔舍的卫生管理，及时清粪，防止氨气的聚集。搞好卫生消毒，减少疾病的发生。

（3）接种疫苗。生产实践证明，兔瘟对 3 月龄前的幼兔感染率较低，但对 3 月龄以上的青壮年兔则极易感染，死亡率可高达 80％～100％。因此，要严格按照免疫程序进行疫苗接种，搞好兔瘟病的防疫。

6. 加强运动

青年兔要多晒太阳，并加大活动量，促进骨生长，增强体质，防止过肥。

7. 适时配种

种兔最好在 6 月龄以上再配种，公兔应比母兔大 2～3 月龄。为了提高公兔品质，从 90 日龄起，应每周把公兔放入母兔笼内 1 次，每次不少于 24 小时。公、母兔要分笼饲养。

第三节 种公兔饲养管理操作流程

一、饲养目标

1. 达到种用体况，达到二类膘。

2. 性欲旺盛，能固定配种 8～10 只母兔，每天两次。

3. 良好精液品质，射精量在 0.5～2 mL，精子密度≥3 亿/mL，畸形率 15％以下。

4. 种公兔日喂量≤150 g/d，年耗料≤55 kg。

二、技术操作要点

1. 种兔体况判断方法

（1）一类膘：用手抚摸腰部脊椎骨，无算盘珠状的颗粒凸出，双背，九至十成膘。这种兔过肥，暂不宜留作种用。

（2）二类膘：用手抚摸腰部脊椎骨，无明显颗粒状凸出，手抓颈、背部皮肤，兔子挣扎有力，表明其体质健壮，七八成膘。这类兔达到最佳种用体况。

（3）三类膘：用手抚摸脊椎骨，有算盘珠状颗粒凸出，手抓颈、背部，皮肤松弛，兔子挣扎无力，五六成膘。需加强饲养管理后，方能作为种用。

（4）四类膘：全身皮包骨头，手摸脊椎骨，有明显算盘珠状的颗粒凸出，手抓颈、背部，兔子挣扎无力，体质极度瘦弱，三四成膘。这类兔不能留作种用，应酌情淘汰。

2. 管理措施

（1）实行单独饲养。留作种用的种公兔3月龄后公母分开，4月龄后单栏饲养，以增强性欲和避免打斗。

（2）给予充分运动。每天放出活动1～2小时，特别在配种期间。

（3）保证充足营养。从配种前3周起到整个配种期，应调整日粮，达到营养价值高、营养物质全面、适口性好的要求。日粮中粗蛋白质含量应达到16％～17％，使蛋白质供给充足，提高其繁殖力。在配种期间，要相应增加饲料用量。如种公兔每天配种2次，其饲料量中应增加30％～50％的精料量。同时，根据配种的强度，适当增加动物性饲料和矿物质饲料，以改善精液的品质，提高受胎率。

（4）科学合理使用。

每只种公兔可固定配种8～10只母兔，每天可交配2次，早、晚各1次，每配2天休息1天。青年公兔1天配种1次，连配2～3天应休息1天；成年公兔1天配种1次，连配1周应休息1天，或1天使用2次，连配2～3天应休息1天。每天配种2次时，其间隔时间至少应在4小时以上。在配种旺季也不能过度使用种公兔。

（5）加强疾病预防。除常规的疫病防治外，还要特别注意对种公兔生殖器官疾病的诊治，如公兔的梅毒、阴茎炎、睾丸炎或附睾炎等。对患有生殖器官疾病的种兔要及时治疗或淘汰。种公兔在春、秋两季换毛期不宜配种。另外，种公兔在健康状况欠佳时也不宜配种。

第四节　种母兔饲养管理操作流程

一、饲养目标

1. 母兔年产仔≥6～7 胎，胎平均产活仔数≥7～8 只。
2. 母兔年提供商品兔≥30～40 只。
3. 公、母兔淘汰率≤35％～50％。
4. 种母兔日喂量≤200 g，年饲料消耗总量≤73 kg。

二、技术操作要点

1. 空怀期母兔饲养管理操作要点

（1）加强饲料营养。要给予优质的青饲料，并适当增喂精料，以补给哺乳期中落膘后复膘所需要的养分，使它能正常发情排卵，适时配种受胎。

（2）调整营养标准。在配种前 15 天应转换成怀孕母兔的营养标准，使其具有更好的健康水平。

（3）坚持适时配种。

2. 怀孕母兔饲养管理操作要点

（1）加强营养。根据胎儿的发育规律，90％的重量是在怀孕 18 天后形成，所以在怀孕 15 天后要增加饲料量，特别加喂精料、维生素、矿物质饲料，以保证营养的需要，防止发育不良及母兔产奶不足。在产前 3 天，则要适时减料，特别要减少精料，增加青料，供给充足洁净的饮水，防止乳房炎和难产。

（2）做好护理，防止流产。母兔流产，一般多在怀孕后 15～20 天内发生。引起流产的原因可分为机械性、营养性和疾病等。机械性流产多因捕捉、惊吓、不正确的摸胎、挤压等引起。营养性流产多数由于营养不全、突然改变饲料，或因饲喂发霉变质、冰冻饲料等引起。引起流产的疾病则有巴氏杆菌病、沙门菌病、密螺旋体病以及生殖器官疾病等。母兔流产亦如正常分娩一样，要衔草拉毛营巢，但产出的未成形的胎儿多被母兔吃掉。

为了防止流产，母兔怀孕后要一兔一笼，防止挤压；管理上坚持不无故捕捉；摸胎时动作要轻，尽量避免兔体受到冲击，禁止触顶腹部；

轻捉轻放，发现有病母兔应及时查明原因，积极治疗；要保持舍内安静，禁止突然发出声响及防止狗、猫等动物的惊扰。如若因条件所限，在怀孕母兔舍内又养有其他各种家兔时，在每天喂料时应先喂怀孕母兔，尤其是怀孕后期的母兔。兔笼应保持干燥，冬季最好喂温水，忌喂霉烂变质的饲料。

（3）做好产前及接产准备工作。规模养兔场应坚持有计划地分批集中配种，然后将同批次配种的母兔集中到邻近兔笼饲养。对产前 3～7 天的母兔均应调整到产仔笼内，以便于管理。对兔笼和产箱事先要进行严格消毒，消除异味，以防母兔乱抓或不安。消毒好的产箱即放入笼内，让母兔熟悉环境，便于衔草、拉毛做窝。产房内冬季要注意增温保温，夏季则要注意防暑、防蚊。

家兔的怀孕期为 29～35 天（平均 31 天）。母兔临产前不吃食，阴门红肿，并自动拉毛、衔草做窝。个别母兔需人工帮助把乳头周围的毛拉下，铺在窝内。母兔在产仔时要特别注意安静，光线不能过强。母兔边产仔边咬断脐带，吃掉胎盘，同时舔干仔兔身上的血污和黏液。母兔产后急需饮水，因此在母兔临产前要备好清洁饮水，水中添加适量食盐和红糖，避免母兔因口渴而发生吃仔兔现象。同时，要及时检查产仔箱，清除污毛、血毛和死胎，并将仔兔用毛盖好。

3. 哺乳母兔饲养管理操作要点

（1）加强营养。

母兔在哺乳期，每天可分泌 60～150 mL 乳汁，高产母兔泌乳量可达 150～250 mL。兔乳汁浓稠，蛋白质和脂肪含量较高，营养丰富。哺乳母兔为维持生命活动和分泌乳汁，每天都要消耗大量的营养物质，而这些营养物质，又必须从饲料中获得。因此，饲喂哺乳母兔一定要供给营养全面，能量、蛋白质水平较高的全价饲料。

（2）饲喂方法。

母兔在产后 2 天内采食量很少，要多喂青饲料，少喂或不喂精饲料。母兔产后 3 天才能恢复食欲，要逐渐增加饲料量。为了防止发生母兔乳房炎和仔兔黄尿病，产前 3 天就要减少精料，增加青饲料，而产后 3～4 天则要逐步增加精料，多给青绿多汁饲料。

第五节　仔兔饲养管理操作流程

一、饲养目标

1. 出生～16 日龄，日增重≥6 g/d，阶段增重 100 g。

2. 17～30 日龄，日增重≥16 g/d，阶段增重 400 g，料肉比≤1.75∶1。

3. 补料阶段平均日喂量≤50 g/d。

4. 哺乳仔兔死亡率≤10%。

二、技术操作要点

1. 把好初生关

除保证母兔怀孕和泌乳期的营养水平外，一是记准分娩时间，做好产前接生准备；二是仔兔出生后要及时让其吃足初乳；三是切实做好保温防冻、防压、防鼠害工作，确保仔兔正常生长。

（1）吃好初乳。仔兔出生后至开眼前的这段时间称为睡眠期。仔兔出生后就会吃奶，护仔性强的母兔，也能很好地哺喂仔兔。仔兔吃饱奶时，安睡不动，腹部圆胀，肤色红润，被毛光亮；饿奶时，仔兔在窝内很不安静，到处乱爬，皮肤皱缩，腹部不胀大，肤色发暗，被毛枯燥无光，如用手触摸，仔兔头向上窜，"吱吱"嘶叫。仔兔在睡眠期，除吃奶外，全部时间都在睡觉。仔兔的代谢很旺盛，吃进去的奶汁大部分被消化吸收，很少有粪便排出来。因此，睡眠期的仔兔只要能吃饱奶、睡好，就能够正常生长发育。

在这个时期内饲养管理的重点是早吃奶，吃足奶。幼兔出生前尽管可以通过母体胎盘获得一部分免疫抗体，但是通过从母乳中获取免疫球蛋白仍然是很重要的。兔奶营养丰富，是仔兔初生时生长发育的直接来源。因此，仔兔能早吃奶、吃饱奶则成活率高，抗病力强，发育快，体质健壮；否则，死亡率高，发育迟缓，体弱多病。在仔兔出生 6～10 小时内应让其吃到初乳，发现没有吃到初乳或没有吃饱，应及时让母兔喂奶。

（2）强制哺乳。初乳是仔兔出生后早期生长发育所需营养物质的直接来源和唯一来源。有些母性不强的母兔，尤其是初产母兔，产仔后不给仔兔哺乳，导致仔兔缺奶挨饿，若不及时处理，会使仔兔死亡。强制哺乳的方法是：将母兔轻轻放入产仔箱内，轻轻抚摸其被毛，使其保持安静，再将仔兔分别放在母兔的每个乳头旁，让其自由吮乳。当仔兔较长时间没有吃奶，又处于较低的气温条件下，仔兔往往没有能力寻找和捕捉奶头，这时需要人工辅助仔兔吮乳。

（3）防冻防压。仔兔出生后裸体无毛，生后4～5天才开始长出茸茸细毛。这个时期的仔兔对外界环境的适应力差，抵抗力弱，体温调节功能还不健全。因此，冬春寒冷季节要特别注意防冻。在仔兔出生后的头几天，产仔箱需保持较高的温度，最好能提供33℃～35℃的温度条件。夏秋炎热季节需降温、防止蚊虫叮咬。同时，对一些初产的母兔，产仔后不会照顾自己的仔兔，要防止踩死、压死仔兔。

（4）预防鼠害。可将主动灭鼠和被动防鼠相结合。主动灭鼠是利用药物和器械灭鼠，但投放药物要注意安全，防止家兔误食鼠药；被动防鼠是将仔兔和产仔箱放在老鼠不能爬进的地方，从根本上杜绝鼠害。

（5）防止吊乳。"吊乳"是养兔生产中常见的现象之一。主要原因是母兔乳汁少，仔兔不够吃，较长时间吸住母兔乳头，母兔离巢时将正在哺乳的仔兔带出巢外；或者母兔哺乳时，受到骚扰，引起惊慌，突然离巢。吊乳出巢的仔兔，很容易受冻或被踏死，所以饲养管理上要特别小心。当发现有吊乳出巢的仔兔时应马上将仔兔送回巢内。如仔兔吊在巢外受冻发凉时，应马上将受冻仔兔放入自己的怀里取暖，或将仔兔全身浸入40℃温水中，露出口鼻呼吸，只要抢救及时，大约10分钟后便可使被救仔兔恢复正常，待皮肤红润后即擦干积水放回巢箱内。

（6）防黄尿病。仔兔发生黄尿病的主要原因是吃了患乳房炎母兔的乳汁。可从预产期开始，直至产后2～3天，给母兔投喂抗生素预防乳房炎。有条件时可在母兔妊娠至15～20天时接种葡萄球菌疫苗。

2. 重视开食关

仔兔出生后12天左右开眼，从开眼到断奶，这一段时间称为开眼期。仔兔开眼后，精神振奋，会在巢箱内往返蹦跳；数天后跳出巢箱。此时，由于仔兔体重日渐增加，母兔的乳汁已不能满足仔兔的需要，此时重点应抓好仔兔的补料，从以前靠母乳为主、逐渐过渡到以采食饲料为主，最后实现完全独立生活。

肉用仔兔出生后16～18日龄可以开始试吃饲料。这时可给予少量易消化且富有营养的饲料，并在饲料中拌入少量的矿物质、抗生素等，以增强体质，减少疾病。仔兔胃小，消化力弱，但生长发育快。根据这些特点，在喂料时要少喂多餐，均匀饲喂，逐渐增加。一般每天喂给5～6次，每次分量要少一些。在开食初期以母乳为主，饲料为辅；到30日龄时，则转变为以饲料为主，母乳为辅，直到断乳。

3. 巧过断奶关

仔兔断奶的日龄，应根据饲养水平、繁殖制度、仔兔生长情况以及品种、用途、季节气候等不同情况而定。规模化兔场仔兔多在28～35日龄断奶。过早断奶，仔兔的肠胃等消化系统还没有充分发育形成，对饲料的消化能力差，生长发育会受影响。仔兔的断奶应以35天为宜，体弱仔兔可继续留在母兔身边1周左右。

仔兔断奶时，要根据全窝仔兔体质强弱而定。若全窝仔兔生长发育均匀，体质强壮，可采用一次断奶法，即在同一天将母子分开饲养。断奶母兔在断奶2～3天内，只喂青料，停喂精料，使其停奶。如果全窝体质强弱不一，生长发育不均匀，可采用分期断奶法。即将体质强的先断奶，体质弱者继续哺乳，经数天后，视情况再行断奶。要经常检查仔兔的健康情况，察看仔兔耳色，如耳色桃红，表明营养良好；如耳色暗淡，说明营养不良。仔兔在断奶前要做好充分准备，将断奶仔兔所需的兔舍、食具、用具等应进行洗刷与消毒，断奶仔兔的日粮要按其营养标准来配制，并在断奶前备好。

第六节　幼兔饲养管理操作流程

一、饲养目标

1. 31～90日龄，日增重≥35 g/d，阶段增重2100 g。

2. 阶段日均喂量≤120 g/d，阶段耗料≤7200 g。

3. 料肉比≤3.5。

4. 幼兔死亡率≤10%～15%。

二、技术操作要点

1. 合理饲喂

断奶后1～2周内，要继续饲喂仔兔料，然后才逐渐过渡到幼兔料，以防因突然改变饲料而导致消化系统疾病。为促进幼兔生长，提高饲料消化率，降低发病率，幼兔日粮一定要新鲜、清洁、体积小、适口性好、营养全面。特别是蛋白质、维生素、矿物质要供给充分，同时添加一些氨基酸、酶制剂和抗生素等。饲喂幼兔一般使用颗粒饲料自由采食的办法。饲喂要定时定量，少吃多餐，一般以每天喂 3～4 次为宜，以保证幼兔吃饱吃好，健康成长。

2. 及时分笼

应根据性别、体重、体质强弱、日龄大小进行分群饲养。按笼舍大小确定饲养密度，幼兔每笼饲养 3～4 只为宜，群养时可 8～10 只组成小群，饲养密度不宜过大。3 月龄以后的称青年兔（亦称中兔）已开始发情，为防止早配，必须将公、母兔分开饲养。对 4 月龄以上的公兔要进行选择，凡是发育优良留作种用的，需单笼饲养。

3. 防寒保暖

幼兔比较娇气，对环境的变化敏感，尤其是寒流等气候突变的影响较为直接。因此，为其提供舒适的环境条件是降低发病率、促进发育的有效措施。应保持兔舍清洁卫生，环境安静，干燥通风，饲养密度适中。同时，还要防止惊吓、潮湿、风寒和炎热，防空气污染和鼠害等。

4. 疾病预防

幼兔阶段是多种传染病的易发期。防疫的好坏是决定幼兔成活率高低的关键，应将环境隔离、药物预防、疫苗注射和加强管理结合起来，严格落实防疫制度。除注射兔瘟疫苗外，还应注射魏氏梭菌疫苗及波氏-巴氏二联苗。有些疾病疫苗的保护率不高，有的目前还没有适宜的疫苗。因此，不能放松药物预防，特别是球虫病和巴氏杆菌病。在春、秋两季，还应注意预防感冒、肺炎和传染性口腔炎等疾病。

第七节　商品兔育肥操作流程

一、育肥方式

商品兔的育肥方式通常可以分为幼兔育肥、中兔育肥和成兔育肥三种。

1. 幼兔育肥：又称为直接育肥，指在仔兔断奶后直接开始育肥过程，经过 50～65 天的饲养，体重达到 2.0～2.5 kg 出笼进行屠宰。

2. 中兔育肥：指按常规饲养方法将兔饲养到一定日龄后，再经过

30～45 天的育肥饲养，到 90～120 日龄达到适宜屠宰体重的育肥方式。

3. 成兔育肥：通常指将选留种兔过程中淘汰的成年兔经过短期的育肥饲养，迅速达到适宜屠宰体重的育肥方式。

二、技术操作要点

1. 选择优良品种，利用杂交优势

作为肉用兔的品种有新西兰白兔、加利福尼亚兔、日本大耳白兔、哈白兔、塞北兔等，这些肉兔品种都表现出了良好的产肉性能，饲养到 90～100 天即可屠宰。如果利用这些优良品种中的快速生长优势，与我国地方品种适应性广、抗病性强、耐粗放饲养等优势结合，均可表现一定的杂种优势。如用新西兰等公兔与我国优良的地方品种（如九嶷山兔）母兔进行二元杂交生产商品兔，则在短期内就能取得明显的经济效益。

2. 实行直接育肥，缩短饲养时间

肉兔在 3 月龄前是快速生长阶段，且饲料报酬高。应充分利用这一生理特点，提高经济效益。肉兔的育肥期很短，一般从断奶（35 天）到出笼仅 50～65 天。仔兔断奶后应采取直接育肥法，即满足幼兔快速生长发育对营养的需求，使日粮中蛋白质、能量保持较高的水平，粗纤维则控制在适当范围，使其顺利完成从断奶到育肥的过渡，不因营养不良而使生长速度减慢或停顿，并且一直保持到出笼。

3. 提供适宜环境，饲养密度合理

育肥效果的好坏，在很大程度上取决于为其提供的环境条件，主要是指温度、湿度、密度、通风和光照等。温度对于肉兔的生长发育十分重要，过高和过低都是不利的，最好保持在 25 ℃左右，在此温度下体内代谢最旺盛，体内蛋白质的合成最快。适宜的湿度不仅可以减少粉尘污染，保持舍内干燥，还能减少疾病的发生，最适宜的湿度应控制在 55％～60％的范围内。

饲养密度应根据温度和通风条件而定。在良好的条件下，每平方米笼养面积可控制在 14～16 只。育肥兔饲养密度大，排泄量大，因此应对育肥兔舍加强通风换气和笼舍清扫。同时，要减少活动，避免咬斗，快速增重，提高饲料的利用率。

4. 科学搭配日粮，用饲料添加剂

保证育肥期间营养水平达到营养标准是肉兔育肥的前提。此外，不同的饲料形态对育肥有一定影响。实践表明：育肥期间使用全价颗粒饲

料比用粉料增重可提高 8%～13%，饲料利用率提高 5% 以上。在满足育肥兔在蛋白质、能量、粗纤维等主要营养的需求外，维生素、微量元素及氨基酸添加剂的合理使用，对于提高育肥性能有举足轻重的作用。因此，在育肥期间除保证常规营养需要以外，还应选用肉兔饲料添加剂。

5. 实行自由采食，供给清洁饮水

让育肥兔自由采食，可保持较高的生长速度。自由采食适于饲喂全价颗粒饲料，而粉拌料不宜自由采食，因为饲料的霉变问题不易解决。在育肥期总的原则是让育肥兔吃饱吃足，只有多吃，才能快长。有些兔场采用自由采食出现家兔消化不良或腹泻现象，其主要原因是在自由采食之前采用的是少喂勤添法，之后突然改为自由采食，家兔的消化系统不能立即适应这一变化。可采取逐渐过渡的方式，只要经过 1 周左右的时间即可调整过来。

水对于育肥兔是不可缺少的营养物质。要注重饮水质量，保证其符合畜禽饮用水质标准，必要时应安装净水器，对饮用水进行净化处理。要防止饮用水被污染，定期检测水中的大肠埃希菌数量。尤其是使用开放式饮水器的兔场更应重视饮水卫生。

6. 适时出笼屠宰，提高养兔效益

肉兔出笼时间应根据品种、季节、体重和兔群表现及市场需求状况而定。出笼时间适中，能获得最佳的饲料报酬，提高养兔的经济效益；出笼时间适当延长，则可改善兔肉的肉质和口感，并提高肉兔的出肉率。

在目前我国饲养条件下，肉兔的出笼日龄一般为 13～15 周龄，或体重达到 2.5 kg 时即可出笼。某些大型品种，骨骼粗大，皮肤松弛，生长速度快，90 日龄虽可达到 2.5 kg 以上，但出肉率较低，肉质口感欠佳，出笼体重应适当大些。但中型品种骨骼细，肌肉丰满，出肉率高，出笼体重可小些，达 2.25 kg 以上即可。

近年来，国内一些肉兔品种良种化程度较高、通过全程投喂营养均衡的颗粒饲料、采用全进全出工厂化繁育模式的规模兔场，实行"35 天统一断奶，70 天统一出笼"的生产模式。

第八节　不同季节饲养管理操作流程

家兔的生长发育与外界环境条件紧密相连，不同的环境条件对家兔的影响不一样。我国各地的自然条件，不论在气温、雨量、湿度还是饲料的品种、数量、品质等方面都有着显著的地区性差异和季节性特点。因此，养殖户应根据家兔的习性、生理特性和地区季节特点，在不同季节酌情采取不同的科学饲养方法。

一、春季操作要点

在我国北方，春季温度适宜，雨量较少，多风干燥，阳光充足，比较适于家兔生长、繁殖，是饲养家兔的好季节。但南方春季则气候多变，多阴雨，湿度大，适于细菌繁殖，给养兔带来诸多不利因素。春季虽然野草逐渐萌芽生长，但草内水分含量多，干物质含量相对减少。家兔经过一个冬季的饲养，身体比较瘦弱，又处于换毛期，因此春季在饲养管理上应注意防寒防潮与防病。

1. 防寒防潮

总体看来，春季气温逐渐升高，但气候变化无常。在早春季节，很多地方倒春寒相当严重，容易诱发家兔感冒、巴氏杆菌病、肺炎、肠炎等疾病。特别是刚断奶的仔兔，抗病力差，容易发病死亡，应精心管理，细心照料。尽管春季是家兔生产的最佳季节，但生产的理想时间很短。原因在于春季气候变化剧烈，稳定的时间短暂。由冬季转入春季的阶段为早春，此时的整体温度较低，以较为寒冷的北风为主，夹杂雨雪天气，此期应以保温和防寒为主，每天中午可适当打开门窗，进行通风换气。由春季过渡到夏季的阶段为春末，气候变化较为剧烈，不仅温度变化大，而且大风频繁，时而有雨，此阶段应控制兔舍温度，防止气候骤变。平时可打开门窗，加强通风，遇到不良天气则及时采取措施。

2. 抓好春繁

春季万物复苏，是家兔繁殖的最佳季节。家兔在春季的繁殖能力最强，公兔精液品质好，性欲旺盛，母兔的发情明显，发情周期缩短，排卵数多，受胎率高。这与气温逐渐升高和光照由短到长，刺激家兔生殖系统活动有关。应利用这一有利时机争取早配多繁。但是，在养殖规模较小的兔场，特别是在较寒冷地区，由于冬季没有加温条件，有的往往停止冬繁，公兔在较长时间内已没有配种，造成在附睾里贮存的精子活力低，畸形率高，最初配种的母兔受胎率较低。为此，应采取复配或双重配，并及时摸胎，减少空怀。

春季繁殖应首先抓好早春繁殖。对于我国多数地区，夏季和冬季的繁殖具有一定困难，而秋季因公兔精液品质尚不能完全恢复，受胎率受到很大影响。如不抓住春季有利时机，则很难保证年繁殖 7 胎以上的计划。一般来说，春季第二胎采取频密繁殖策略，对于膘情较好的母兔，在产后 3～7 天进行配种，缩短产仔间隔，提高繁殖率。第三胎则采取半频密繁殖，即在母兔产后 10～15 天进行配种，使母兔泌乳高峰期和仔兔快速发育期错开。如此，则可实现春繁 2 胎以上，为提高全年的繁殖率奠定基础。

3. 供给优质饲料，把好兔吃食关

早春青黄不接，对于未使用全价颗粒饲料喂兔的多数农村家庭兔场而言，补充适量青绿饲料能有效提高种兔繁殖力。此时应喂给胡萝卜、黑麦草或生大麦芽等，提供一定的维生素营养。春季又是家兔的换毛季节，此期冬毛脱落，夏毛长出，要消耗较多的营养，对处于繁殖期的种兔，加重了营养的负担。为了加速兔毛的脱换，应在饲料中补加蛋氨酸。

在春季发生家兔饲料中毒事件也较多，尤其是发霉饲料中毒，给生产造成较大的损失。其原因是冬季存贮的甘薯秧、花生秧、青干草等在户外露天存放，冬春的雪雨使之受潮发霉，在粉碎加工过程中如果不注意挑选，用发霉变质的饲草喂家兔，就会发生急性或慢性中毒。此外，发了芽的马铃薯、冬天贮藏的白菜、萝卜等受冻或发生霉变腐烂的饲料，很容易造成家兔中毒。

冬季向春季过渡期，饲料也同时经历一个过渡期。特别是农村家庭兔场，为了降低饲料成本，尽量多饲喂野草、野菜等。随着气温的升高，青草不断生长并被采集喂兔。由于其幼嫩多汁，适口性好，家兔喜食。如果不控制喂量，兔子的胃肠不能立即适应青饲料，会出现腹泻现象，严重时造成死亡。一些有毒的草返青较早，要防止家兔误食。有些青菜，如菠菜、牛皮菜等含的草酸盐较多，影响钙、磷代谢，对于繁殖母兔及生长兔更应严格控制喂量。

春季要特别注意不喂带泥浆的、"露水草"和堆积发热的青饲料，不喂霉烂变质的饲料。雨后割的青草要晾干再喂。在阴雨多、湿度大的情况下，要少喂水分高的青饲料，增喂一些干粗饲料。为了增强兔的抗病能力，可在饲料中拌入一定量的大蒜、抗生素等，以减少和避免腹泻。对换毛期的家兔，应给予新鲜幼嫩的青饲料，并适当给予蛋白质含量较高的饲料，以满足其营养需要。

4. 搞好环境卫生，预防兔病发生

春季各种病原微生物活动猖獗，由于气温升降频繁，气候变化无常，是家兔多种传染病的多发季节，防疫工作应放在重要位置。

（1）做好春季免疫注射。必须注射兔瘟疫苗，其他疫苗可根据具体情况灵活掌握。如魏氏梭菌疫苗、巴氏-波氏二联苗、大肠杆菌疫苗等。

（2）预防肠炎，尤其应将断乳仔兔肠炎病作为预防的重点。可采取饲料营养调控、卫生调控和微生态制剂调控相结合的办法，尽量不用或少用抗生素和化学药物。

（3）预防球虫病。春季气温低，湿度大，容易发生球虫病。规模养兔场室内笼养，其环境条件有利于球虫卵囊的发育，球虫病的预防不容忽视。

（4）加强消毒。春季各种病原微生物活动猖獗，应根据饲养方式和兔舍内的污染情况酌情消毒。

（5）加强检查，每天都要检查幼兔的健康情况，发现问题及时处理。

二、夏季操作要点

家兔因汗腺不发达，常受炎热天气影响而导致食量减少。夏季高温多湿，对仔兔、幼兔的生长威胁较大。因此，夏季应该注意降温防暑、合理喂料、给足饮水、预防球虫病等。

1. 防暑降温、加强通风

夏季气温高，湿度大，给家兔的生长和繁殖带来较大困难。同时，由于高温高湿有利于球虫卵囊发育，幼兔极易暴发球虫病。因此，夏季应采取多种防暑降温措施。

对水泥或预制板材料的平顶兔舍，在搞好防渗的基础上可采用在舍顶灌水的方法，减少兔舍顶部热能传递；或在中午太阳照射强烈时，往舍顶部喷水，通过水分蒸发降低温度，对兔舍降温有良好作用。

在兔舍前面和西面一定距离栽种高大的树木或丝瓜、眉豆、葡萄、爬山虎等藤蔓植物，拉遮阳网等均可达到降温效果。也可利用柴草、树枝、草帘等搭建凉棚，起到遮光避阴降温作用。

通风是兔舍降温的有效途径，也是对流散热的有效措施。在天气不十分炎热的情况下，在兔舍前面栽种藤蔓植物的基础上，打开所有门窗，可实现兔舍降温或缓解高温给兔带来的压力。当外界气温始终在 33 ℃以上时，仅仅靠自然通风是远远不够的，应采取机械通风，强行通风散热。机械通风主要靠安装电扇、风机，加强兔舍的空气流动，减少高温对兔的应激。小型兔场可安装吊扇，对于促进局部空气流动有一定效果，但不能改变整个兔舍温度，仅仅使局部兔笼内家兔感到舒适，部分缓解热应激。大型兔场可采取纵向通风，有条件的兔场可采取增加雨帘和强制通风相结合的办法，效果更好。

2. 合理喂料、降低密度

饲喂时间、饲喂次数、饲喂方法和饲料组成，都对家兔的采食和体热调节产生影响。面对夏季高温，从饲喂制度到饲料配方等均应进行适当调整。

在喂料时间上，可采取"早餐早，午餐少，晚餐饱，夜加草"的方式，将当天饲喂量的80％安排在早晨和晚上。

在饲料种类上，应适当增加蛋白质饲料，减少能量饲料的比例，尽量多喂青绿饲料。尤其是夜间，气温下降后，家兔的食欲旺盛，活动量增加，可满足其夜间采食。农村家庭养兔，可多投喂青草让其自由采食。使用全价颗粒饲料的兔场，也可投喂适量的青绿饲料，以改善家兔胃肠功能，提高食欲。阴雨天因空气湿度较大，笼具上病原微生物容易滋生并通过饲料和饮水进入家兔体内，导致腹泻，因此可在饲料中添加1％～3％的木炭粉，以吸附病原菌和毒素。

在喂料方法上，也要相应变更。如果为粉料湿拌，加水量应严格控制，少喂勤添，一餐的饲料量分两次添加，防止剩料发霉变质。

家兔饲养密度越大，单位面积向外散发的热量越多，越不利于防暑降温。因此，适当降低饲养密度是减少热应激的有效措施之一。

3. 给足饮水、搞好卫生

水对于体温调节起到重要作用。一般情况下，家兔的饮水量是采食量的2～4倍，随着气温的升高而增加。饮水不足必然对家兔的生产性能和生命活动造成影响，其中妊娠母兔和泌乳母兔受到的影响最大。妊娠母兔除了自身需要外，胎儿的发育更需要水。泌乳母兔饮水量要比妊娠母兔增加50％。处在生长期的家兔代谢旺盛，对水的需求量相对要大些。家兔夏季必须保证自由饮水。为提高防暑效果，可在水中加入人工盐。为预防消化道疾病，可在饮水中添加一定的微生态制剂。为预防球虫病，可让母兔和仔、幼兔饮用0.01％～0.02％的稀碘液。

夏季气温高，蚊蝇滋生，病原微生物繁殖快，饲料和饮水容易受到污染。夏季空气湿度大，兔舍和笼具难以保持干燥，不仅不利于细菌性疾病的预防，还给球虫病的预防增加了难度，往往发生球虫和细菌的混合感染。要注意饲料卫生，供给清洁的饮水，搞好环境卫生，对于降低家兔夏季疾病发生率是非常重要的。

此外，还应注意消灭苍蝇、蚊子和老鼠。它们是造成饲料和饮水污染的罪魁祸首。兔舍的窗户上面安装窗纱，涂长效灭蚊蝇药物，可对蚊蝇有一定的预防效果。加强饲料库房的管理，防止老鼠污染料库。采取多种方法主动灭鼠，可降低老鼠的密度，减少其对饲料的污染。

4. 交替用药、预防球虫病

夏季温度高、雨水多、湿度大，是兔球虫病的高发期，1～3月龄的幼兔最易感染。

家兔球虫病是严重危害幼兔的一种传染性寄生虫病，除了高温高湿的夏季，其他季节也可发生。但是，仍然以夏季最为严重，暴发的可能性最大。生产中，无论何种饲养方式，任何品种，只要是1～3月龄的家兔，必须预防，否则，随时都有发生的危险。通常用磺胺类、呋喃类、克球粉等药物治疗，近年来使用地克珠利等，但生产中发现都不同程度地存在抗药性问题。因此，在防治工作中应采取交替用药的方法，若采取中西结合或复合药物效果更好。家兔对不同药物的敏感性不同，有些药物对其他动物可以使用，但对家兔却比较敏感。如兔对马杜霉素非常敏感，正常剂量即可造成中毒。因此，该药物不可用于家兔球虫病的预防和治疗。

三、秋季操作要点

秋季天高气爽，气候干燥，饲料充足，营养丰富，是饲养家兔的好季节，应抓紧繁殖。但成年兔秋季又进入换毛期，换毛期的家兔体质相对较弱，食欲减退，应多供应青绿饲料，并适当喂些蛋白质高的饲料。这个时期，早晚温差大，容易引起仔、幼兔感冒、肺炎和肠炎等疾病，严重的会造成死亡。

1. 抓好秋繁

秋天温度适宜，饲料充足，是家兔繁殖的第二个黄金季节。但是，秋季也存在一些对家兔繁殖不利的因素：一是家兔刚刚度过了夏季，体质较弱；二是要经历第二次季节性换毛，代谢处于特殊时期，换毛和繁殖在营养方面发生了冲突；三是光照时间进入渐短期，不利于母兔卵巢的活动，母兔的发情周期出现不规律，发情征状表现不明显；四是经过夏季高温的影响，公兔睾丸的生精上皮受到很大的破坏，精液品质不良，配种受胎率较低，尤其是在长江以南地区，夏季高温持续时间长，对公兔睾丸的破坏严重，这种破坏的影响需要一个半月的时间才能完全恢复。

2. 预防疾病

秋季的气候变化无常，温度忽高忽低，昼夜温差较大，是家兔主要传染病发生的高峰期，应引起高度重视。

（1）预防呼吸道传染病。秋冬过渡期气温变化剧烈，最容易导致家兔暴发呼吸道疾病，特别是巴氏杆菌病对兔群造成较大的威胁。生产中，单独的巴氏杆菌感染所占的比例并非很多，而多数是巴氏杆菌和波氏杆菌等多种病原菌混合感染。除了注意气温变化之外，采取适当的药物预防是必要的补充措施，应有针对性地进行疫苗注射。

（2）预防兔瘟。兔瘟尽管会全年发生，但在气候凉爽的秋季更易流行，应及时注射兔瘟疫苗。注射疫苗应注意三个问题：一是尽量注射单一兔瘟疫苗，不要注射二联或三联苗，否则对兔瘟的免疫产生不利影响。二是注射时间要严格控制。断乳仔兔最好在 40 日龄左右注射，过早会造成免疫力不可靠，免疫过晚又有发生兔瘟的危险。三是检查免疫记录，看免疫期是否已经超过 4 个月。凡超过或接近 4 个月的种兔应重新注射兔瘟疫苗。

（3）预防球虫病。由于秋季的气温和湿度仍适于球虫卵囊的发育，预防幼兔球虫病不可麻痹大意。应有针对性地注射有关药物或投喂药物。

（4）强化消毒。秋季病原微生物活动较猖獗，又是换毛季节，通过脱落的被毛传播疾病的可能性增加，特别是真菌类皮肤病。因此，在集中换毛期，应使用火焰喷射等方法对笼舍进行 1～2 次消毒。

3. 科学饲养

秋季是家兔繁殖的繁忙季节，也是换毛较集中的季节，同时是饲料种类变化最大的季节。饲养应针对季节和家兔代谢特点进行。

（1）调整饲料配方。随着季节的变化，饲料种类的供应发生一定变化，饲料价格也会发生相应的变化。为降低饲料成本，要根据季节和家兔的代谢特点进行饲料配方的调整。以新的饲料替代以往饲料时，如果没有可靠的饲料营养成分含量，应进行实际测定，以保证饲料的理论营养值和实际值相对一致。

（2）预防饲料中毒。立秋以后，有些饲料产生一定的毒副作用。例如，露水草、霜后草、二茬高粱苗、棉花叶、萝卜叶、龙葵、蓖麻叶等，本身就含有一定的毒素。农村家庭兔场喂兔，一是要控制喂量，二是要掌握喂法，防止饲料中毒。

（3）做好饲料过渡。深秋之后，青草供应逐渐减少，由青饲料到干饲料要有一个过渡阶段。由一种饲料配方到另一种饲料配方也要有一个适应过程。否则，饲料突然变化，会造成家兔消化功能紊乱。要循序渐进，平稳过渡。刚开始时原来的饲料占 2/3，新的饲料占 1/3，以后每3～5 天更替 30％左右。

4. 饲料贮备

秋季是饲料饲草收获的最佳季节。抓住有利时机，收获更多更好的饲料饲草，特别是优质青草、树叶和作物秸秆等粗饲料。

四、冬季操作要点

进入冬季，我国大部分地区都是气温低，天气冷，日照短，青草缺。因此，冬季在饲养管理上应特别注意防寒保温，保证营养。

1. 做好防寒保暖工作

兔舍保温是冬季管理工作的重点，要使门窗关闭严密，挂门帘、堵风洞、严防贼风吹入。白天应使家兔多晒太阳，夜间严防贼风侵入。当气温在 0 ℃以下时，要因地制宜采取增温保温措施，如通过土暖气、太阳能、沼气炉、火炉等对兔舍增温。规模较大的养兔场，最好使用暖风机、热风炉等自控温设备增温。

2. 满足家兔对维生素的需求

日粮数量都应比其他季节增加 1/3。要使用能量高的饲料，如玉米等，同时最好能喂一些青绿饲料以补充维生素（也可在饲料调制时加入多种维生素）。不能喂冰冻的饲料，冬季喂干饲料应当调制后再喂。同时要注意饮水，在低温下以饮温水为宜。冬季夜长，晚上要增喂一次。

3. 抓好冬繁

冬季气温低，给家兔的繁殖带来很大的困难。但是，低温同时也不利于病原微生物的繁衍。实践表明，在采取保温措施的情况下，冬繁的仔兔疾病少，其成活率相当高。因此，抓好冬繁是提高养兔效益的重要一环。

4. 注意通风换气

冬季家兔的主要疾病是呼吸道疾病，占发病总数的 60％以上。由于冬季兔舍通风换气不足，污浊气体浓度过高，特别是有毒有害气体的刺激而发生炎症，黏膜的防御功能下降，病原微生物乘虚而入。因此，冬季应解决好通风换气和保温的矛盾。在晴朗天气的中午应打开卷帘或部分窗户排出浊气，使新鲜空气进入舍内。粪便不可在兔舍内堆放时间过长，每天定时清理，以降低湿度和减少臭气。

第五章　肉兔疾病防控的
标准化操作流程

第一节　兔场疾病诊治的标准化操作流程

一、疾病诊断的基本技术

1. 肉兔捕捉与保定技术

（1）捕捉技术操作

①仔兔捕捉：可直接抓其背部皮肤；或围绕胸部大把轻轻抓起，不可抓握太紧。

②幼兔捕捉：大把连同两耳将颈肩部皮肤一起抓住。

③成年兔捕捉：方法同幼兔，但因其体重大，需两手配合。一手捕捉，一手置十其股后托住兔臀部，以支持体重。

④错误方法：直接抓住两耳或后肢，或者对成年兔直接抓其腰部都是错误的。

（2）保定技术操作

①徒手保定：一手大把连同两耳将颈肩部皮肤一起抓起，另一只手抓住臀部皮肤和尾，并可以使其腹部向上。适用于眼睛、腹部、乳房及四肢疾病的检查。

②器械保定：

包布保定：用边长 1 m 的正方形或正三角形包布，其中一角缝上两根长 30～40 cm 的带子。把包布展开，将兔置于包布中心，将包布折起包裹兔体，露出兔耳及头部，最好用带子缠绕兔体并打结固定。适用于耳静脉注射、经口给药或胃管灌药。

手术台保定：将兔四肢分开，仰卧于手术台上，然后分别固定其头和四肢。适用于兔的阉割术、乳房疾病治疗和腹部手术。

保定筒、保定箱保定：保定筒分筒身和筒套两部分，将兔从筒身后部塞入，当兔头在筒身前部缺口处露出时，迅速抓住两耳，随即将前套推进筒身，两者合拢卡住兔颈即可。保定箱分箱体和箱盖两部分，箱盖上留一半圆形缺口，将兔放入箱体，拉出兔头，盖上箱盖，使兔头卡在箱外。适用于治疗头部疾病、耳静脉注射和内服药物。

2. 临床检查技术

检查和确定病兔的一些异常表现，叫作诊断。病兔的某些异常表现明显，容易被发现和确定，而有些轻微或不明显的表现，往往与正常现象难以区分，这就需要用特殊的诊断方法或借助仪器来检查，再进行综合分析，才能最后确定是否有病和有什么病症。现将有关兔病的简易诊断方法介绍如下：

（1）视诊（看）

用肉眼或器械观察病兔异常变化。常用于群体和个体的体态、被毛皮肤、可视黏膜、生理活动等状态的检查以及兔分泌物和排泄物的物理性状的观察。检查必须在安静状态下，最好是在自然光照下进行，检查者与兔保持一定距离，让兔处于自然状态。

1）看精神、被毛和皮肤

健康兔动作灵活，轻快敏捷，两眼有神。除白天采食外，肉兔大部分时间处于休息状态，两眼半闭，呼吸动作轻微，稍有动静时，立即睁眼。患病时，有的出现精神沉郁，反应迟钝，头低耳垂，眼闭呆立，有的出现跛足或异常姿势；有的表现出心烦兴奋，如狂躁不安、惊恐、蹦跳或做圆圈运动，斜颈痉挛。

健康兔被毛平顺浓密，有光泽而富弹性。除换毛期外，如被毛粗糙蓬乱、稀疏、暗淡无光、污浊，均是营养不良或患病的表现，如腹泻病、寄生虫病、慢性消耗性疾病。如被毛脱落，并呈灰色麸皮样结痂，可能患真菌病或螨病。兔颌下、胸部、前爪被毛湿润则可能患溃疡性齿龈炎、齿病、传染性水疱性口炎、发霉饲料中毒、有机磷农药中毒、坏死杆菌病等。

健康兔的皮肤致密结实而富有弹性。如鼻端、两耳边缘、趾爪等处被毛脱落，并有麸皮样的痂皮物，可能患螨病。如腹部、背部或其他部位皮肤凸出表现为脓肿，则可能患有葡萄球菌病。母兔乳头周围皮肤呈暗紫色或有脓肿，可能患乳房炎。如公兔睾丸皮肤有糠麸样皮屑，肛门周围及外生殖器的皮肤有结痂，则可能患梅毒。口腔、下颌部和胸前部皮肤坏死并有恶臭，可能患坏死杆菌病。

2）看运动姿势

在站立或行走时，四肢强拘，不敢负重，四肢软弱无力或肢体拖行，则表明有异常或骨折。

3）看头部器官

①眼睛：健康兔眼睛圆而明亮，活泼有神，眼角干净无脓性分泌物。如眼睛呆滞，似张非张，反应迟钝，则为患病或衰老的征象。如眼睛流泪或有黏液、脓性分泌物，可能患慢性巴氏杆菌病、结膜炎。

②耳朵：正常兔耳朵应直立（塞北兔和公羊兔除外）且转动灵活。如下垂则可能因抓兔方法不当或受外伤、冻伤所致。健康兔耳郭清洁，耳尖耳背无结痂。如耳内有结痂则可能患耳螨。

③口及口腔黏膜：健康兔口腔干净，不流口水，门齿整齐，闭合良好，口腔黏膜正常。如有流口水、唇部及口腔内发现水疱，口腔黏膜有溃疡或出血点，则可能患传染性口炎。

④鼻部：健康兔鼻孔干燥，周围被毛洁净。当鼻孔周围粘有泥土，说明鼻液分泌增加。若鼻液增加或混有血液或血块等，则多为患病表现。

4）看可视黏膜

可视黏膜包括眼结膜、口腔、鼻腔、阴道的黏膜。临床上主要检查眼结膜，检查时一手固定头部，另一手以拇指和食指拨开下眼睑即可观察。兔正常的结膜颜色为粉红色。

①结膜苍白：突然苍白见于大失血，肝、脾等内脏器官破裂；逐渐苍白多为慢性消耗性疾病引起，如消化障碍性疾病、寄生虫病、慢性传染性疾病等。

②结膜潮红：潮红多见于眼病、胃肠炎及各种急性传染病；若血管高度扩张，呈树枝状，则常见于脑炎、中暑及伴有血液循环严重障碍的心脏病。

③结膜黄染：常见于肝脏疾病、胆道阻塞、溶血性疾病及钩端螺旋体病等。

④结膜发绀：多见于严重肺炎、心力衰竭及中毒性疾病等。

⑤结膜出血：有点状出血和斑片状出血，多见于某些传染病等。

5）看饮食状态

健康兔食欲旺盛且采食速度快。吃食减少或拒食是病兔首先表现出来的症状之一，特别是胃肠道疾病均有食欲不振的表现；吃食时好时坏，多为慢性消化器官疾病；食欲废绝见于各种严重的疾病。在缺乏微量元素或维生素时，则可能发生食欲反常，舔食粪、尿、被毛（异嗜），或母兔残食仔兔，甚至啃噬自己的四肢。

兔的饮水也有一定的规律，炎热天气饮水多，寒冷天气饮水少。饮水增加见于热性病、腹泻等，饮水减少见于腹痛、消化不良。

6）看排泄物状况

健康兔的粪便为球形，大小均匀，表面光滑，呈茶褐色或黄褐色，无黏液或其他杂物。粪便稀、软、不成形、大小不一，粪球一头尖、酸臭、带黏液或带血等，则是患病表现。

健康兔尿液为淡黄色、外观稍浑浊。吃青饲料时，尿量增多，颜色变深。兔患有急性肾炎、下痢、热性病或饮水减少时，则出现排尿次数减少。如患有膀胱炎或尿道炎，则频频排少量的尿。茶色尿多见于肝脏损伤性疾病，乳白色尿液多见于腹腔结核、肿瘤及尿钙，血尿则多见于肾炎、膀胱炎或尿道炎。某些药物以及饲料色素的使用，也可导致尿液颜色改变。

母兔流产，并从阴道内流出红褐色的分泌物，则疑为李氏杆菌病。

（2）触诊（摸）

用手或器械触摸被检查部位，通过反应判断有无病变。一般用于体表状态检查，如皮肤温度、湿度、弹性、浅层淋巴结及局部感受能力和敏感性。也可做深部内脏的检查，如位置、形态大小、活动性、内容物及压痛等。

健康兔体表淋巴结较小，触诊不易摸到，如能摸到颌下、肩前或股前淋巴结，则表明淋巴结发炎。

触诊胸腹部，看是否敏感或鼓胀。发生腹膜炎时，触诊病兔腹部则极力挣扎。当便秘或胃肠内有异物（如毛球）时，则可在腹部摸到硬固的粪块或异物。有胀气、积食或积液时，腹部明显增大。怀孕时，母兔腹腔可以摸到呈椭圆形、柔软有弹性的肉球。

（3）听诊（听）

利用人的听觉直接或间接听声音，如咳嗽、喘息、呼吸音、胃肠蠕动音、心音、胸腹部叩击音等。

如兔频繁或连续咳嗽，则表明上呼吸道出现病变；肺部出现啰音、摩擦音则为肺部病变表现；腹部叩诊发出鼓音则表明腹腔臌气，肺部叩诊出现浊音或实音表明肺部病变。若肠音高亢、蠕动加快，多见于腹泻。

（4）嗅诊（闻）

用鼻闻兔呼出气体、口腔气体、排泄物、分泌物等有无异常气味。

（5）体温、呼吸、脉搏测定

1）体温测定

肉兔的正常体温为 38.5 ℃～39.5 ℃，一般夏季高于冬季，下午高于上午，幼兔高于成年兔。当体温高于或低于正常值 1 ℃时，则应引起注意。

用手握住兔的耳根或胸部，可基本判断体温状况。如感觉过热，耳呈红色，则为发热；用手握住感觉发凉，耳色青紫，则可能患有重病。

一般可采用肛门测温法测量兔的体温。先将体温计上的水银柱甩到35 ℃以下，用酒精棉球消毒体温计，并涂抹食用油。把兔夹于两腿之间，左手翻起兔尾，将体温计慢慢插入肛门 3～5 cm，保持 3～5 分钟后取出读数，再用酒精棉球擦净和消毒或直接使用电子体温计测温。

2）呼吸数检查

兔在笼内或地上蹲伏处于安静状态（保持安静 10 分钟以上）时，腹肋部每起伏 1 次计呼吸 1 次。健康兔的呼吸次数每分钟为 40～50 次，老龄兔呼吸次数比壮龄兔稍少。

夏天兔怕热，呼吸次数增加，呼吸急促。中毒、中暑或患急性传染病、支气管炎、肺炎、感冒等疾病时，呼吸困难，次数增多。呼吸次数减少，则多见于某些脑部病变。

3）脉搏数测定

应在兔安静状态下进行。兔多在肱骨内侧面的桡动脉上摸脉搏，也可直接触摸心脏部位，计数 1 分钟的脉搏数。健康兔脉搏数为每分钟 120～150 次。仔兔略高于成年兔。热性病、传染病或疼痛时，脉搏数增加。

中毒、慢性脑病、濒死期等情况可出现脉搏减慢。

3. 病理解剖技术

（1）剖检准备

①器械、物品准备：常见器械及物品主要有解剖刀、外科剪、骨剪、镊子、手套、工作服及消毒药品等。

②场地准备：室外剖检，应选择远离兔舍、地势高且干燥，处于下风向的偏僻地点，并挖好约 1.5 m 深的土坑，待剖检完毕将尸体及被污染的物体及场地表土一并埋入坑内，覆土前应撒上石灰或消毒液。

（2）剖检方法与程序

①外部观察：在剖检前应当先检查尸体外表状态。若体表有脱毛、

结痂，提示螨病或皮肤真菌病；如被毛污染，则提示可能有球虫病、大肠杆菌病、魏氏梭菌病等引起的腹泻。

②剖检：病兔尸体的剖检顺序见图5-1。

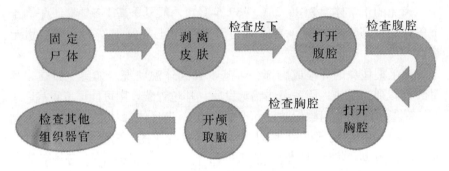

图5-1　病兔尸体的剖检流程图

（3）常见病变与指征　见表5-1。

表5-1　　　　　　　　　　　兔常见疾病病变与指征

组织器官名称	病　　变	提示疾病
皮下	皮下出血	兔病毒性出血症
	皮下组织出血性浆液性浸润	链球菌病
	皮下水肿	黏液瘤病
	颈前淋巴结肿大或水肿	李氏杆菌病
	化脓病灶	葡萄球菌病、痘病、巴氏杆菌病
	乳房和腹部皮下结缔组织化脓，脓汁呈乳白色或淡黄色油状	化脓性乳房炎
	皮下脂肪、肌肉、黏膜黄染	肝片吸虫病
鼻腔	有白色黏稠分泌物	巴氏杆菌病、波氏杆菌病
	出血	中毒、中暑、病毒性出血症
	流浆液性或脓性分泌物	巴氏杆菌病、波氏杆菌病、李氏杆菌病、痘病、绿脓杆菌病等
喉、支气管	黏膜出血，呈出血环，腔内积血样泡沫	病毒性出血症
	有炎症、斑疹	痘病

续表 1

组织器官名称	病　　变	提示疾病
胸腔	积有血样液体	绿脓杆菌病
	充满脓疱	波氏杆菌病、葡萄球菌病等
	有浆液或纤维素性渗出	巴氏杆菌病、沙门菌病
心脏	心包积液、心肌出血	巴氏杆菌病
	心肌暗红、外膜有出血点、心脏扩张,内充满多量血块,心室变薄,质软	病毒性出血症
	心包内血样液体	绿脓杆菌病、魏氏梭菌病等
	心包液呈棕褐色,心外膜有纤维素性渗出	巴氏杆菌病、葡萄球菌病
	血管怒张,呈树枝状	魏氏梭菌病
	心肌有小坏死灶	大肠杆菌病
	心包炎	坏死杆菌病
	心肌有白色条纹	泰泽病
	心包有淡褐色至灰色坚实结节	结核病
肺	与胸膜、心包粘连、化脓或纤维性渗出	巴氏杆菌病、波氏杆菌病、葡萄球菌病
	呈暗红色或紫色,肿大,粟粒大小出血点,质地柔韧,切面暗红	病毒性出血症
	纤维素性化脓性肺炎	巴氏杆菌病、葡萄球菌病
	表面光滑、水肿、有暗红色实变区,切开有液体流出,有大小不等的脓灶	波氏杆菌病
	充血肿大,有片状实变区	野兔热
	有淡褐色至灰色坚实结节	结核病

续表 2

组织器官名称	病　变	提示疾病
腹腔	腹水透明、增多	肝球虫病、豆状囊尾蚴病
	积有血样液体	绿脓杆菌病
	有浆液性或纤维素性渗出	葡萄球菌病
	有葡萄状透明囊附着于脏器壁或游离于腹腔	豆状囊尾蚴病
肝脏	表面有灰白色或淡黄色针尖大小结节	沙门菌病、野兔热等
	表面有灰白色或淡黄色绿豆大小结节	肝球虫病
	肿大、硬化、胆管扩张	肝球虫病、肝片吸虫病
	质脆、实质呈淡黄色，间质增宽	病毒性出血症
	实质内有淡黄色条纹	豆状囊尾蚴病、肝毛细线虫病
	肝组织切开可见白色虫体	肝毛细线虫病
胆囊	上有小结节	痘病
	扩张、黏膜水肿	人肠杆菌病、球虫病
脾脏	紫色、肿大	病毒性出血症
	肿大 5 倍以上，花斑状，有芝麻、绿豆大小灰白色结节	伪结核病
胃肠道	黏膜溃疡	魏氏梭菌病
	浆膜、黏膜出血、充血	大肠杆菌病、魏氏梭菌病
	肠壁肥厚，且肠黏膜上有许多白色小结节	肠球虫病
	盲肠蚓突肥厚，圆小囊肿大变硬，且浆膜下有许多灰白色小结节	伪结核病
肾脏	局部肿大色淡	淋巴肉瘤、肾母细胞瘤
	有结节	结核病
膀胱	积尿	球虫病、魏氏梭菌病、兔瘟等
子宫	肿大、有积脓	葡萄球菌病

二、药物治疗的基本技术

1. 内服

群体投药可采取混饲或混饮，个体投药则采取投服、灌服等。

（1）混饲：将药物拌入少量饲料中，让兔自由采食。适合用药量较少，且无特殊气味，低毒，病兔尚有食欲的情况。

（2）混饮：将药物按照剂量溶解入水中，任其自由饮用。

（3）投服：将兔保定，用筷子或直接将药片送入兔口腔中。

（4）灌服：保定好家兔，用注射器将药液从嘴角慢慢注入兔的口腔，令其自行吞咽。也可使用滴管或汤匙灌药。

2. 注射

（1）皮下注射法

注射部位：应选择皮肤较薄而且皮肤相对松弛的部位，通常在耳根后、颈部。主要用于疫苗接种，建议采用9号针头。

操作方法：适当保定，局部剪毛消毒。用左手食指和拇指捏起注射部位的皮肤，右手持注射器，使针头与皮肤成45°角，迅速刺入捏起的皮肤皱褶的皮下，一般刺入约2 cm（如针头刺入皮下则可较自由地拨动），右手推注药液，注入需要量的药液后，拔出针头，局部消毒。

（2）肌肉注射法

注射部位：应选择肌肉较发达的部位，并避开大血管及神经干。多选用臀部、颈侧、大腿内侧进行。主要用于疾病预防和治疗。

注射方法：选择适宜的注射器和7～9号针头。局部剪毛消毒，一手固定注射部位，一手持注射器，使针头与皮肤成垂直角度，迅速刺入肌肉1～2 cm，轻轻回抽，如无回血即可注入药液。氯化钙等有强刺激性的药物不可肌注。

（3）静脉注射法

注射部位：耳静脉。可用于抢救危急病兔和补液，建议采用7～9号针头。

注射方法：保定病兔，对耳静脉局部常规消毒。一人用手捏住耳根，用酒精棉球反复涂擦或手指反复弹耳缘静脉，使静脉怒张充血。另一人左手执平兔耳，右手执针沿血管平行方向刺入，轻轻回抽，如有回血应调整进针深度，解除压迫注入药液，完成后拔针消毒。

（4）腹腔注射法

注射部位：腹部与大腿交界处的鼠蹊部。主要用于补充体液，可用于抢救危急病兔和补液，建议采用7～8号针头。

注射方法：倒提病兔后肢，注射部位消毒后，在其腹侧鼠蹊部向下进针，向腹腔方向刺入针头，若回抽无回血、无气体即可注射药液。

3. 外用

主要用于消灭体外寄生虫和体表消毒及皮肤外伤给药，常用洗涤和涂擦两种方法。

第二节　免疫预防的标准化操作流程

一、免疫常用疫苗

目前，农业部批准使用的疫苗仅有如下四个品种：

1. 兔病毒性出血症灭活疫苗

用于预防兔病毒性出血症（即兔瘟）病毒的感染。

用时摇匀，幼兔在断奶前进行免疫；体重1 kg以下的兔肌内注射或颈部皮下注射0.5 mL；体重1 kg以上的兔肌内注射或颈部皮下注射1 mL。

2. 兔病毒性出血症、多杀性巴氏杆菌病二联灭活疫苗

用于预防兔病毒性出血症（即兔瘟）及多杀性巴氏杆菌病，免疫期6个月。

2月龄以上兔每只皮下注射1 mL。部分兔可能出现一过性食欲减退的症状，不能用于怀孕后期母兔免疫。

3. 兔产气荚膜杆菌病（A型）灭活疫苗

用于预防兔A型产气荚膜杆菌病，免疫期6个月。

无论兔只大小，一律皮下注射2 mL。

4. 兔多杀性巴氏杆菌病灭活疫苗

用于预防兔多杀性巴氏杆菌病，免疫期6个月。

90日龄以上兔每只皮下注射1 mL。部分兔可能出现一过性食欲减退的症状，不能用于怀孕后期母兔免疫。

二、推荐免疫程序

1. 幼兔：推荐按表5-2进行免疫。

表 5-2   幼兔免疫程序

免疫日龄（日）	疫苗种类	使用方法和用量	目的
35～40	兔病毒性出血症灭活疫苗	皮下注射 0.5 mL	预防兔瘟
50～55	兔产气荚膜杆菌病（A 型）灭活疫苗	皮下注射 2 mL	预防兔 A 型产气荚膜杆菌病
60～65	兔瘟、巴氏杆菌二联灭活疫苗	皮下注射 1 mL	预防兔瘟和兔巴氏杆菌病

2. 种公兔、繁殖母兔：兔瘟灭活疫苗一年 2 次，每次 2 mL，其他疫苗按常量使用。

3. 规模兔场根据当地的疫病流行特点及技术管理条件，结合不同季节、环境、兔群健康状况及抗体水平，可以对疫苗种类、注射时间等进行调整。

三、免疫操作流程

1. 免疫准备

一是准备好与需免疫数量相匹配的疫（菌）苗。二是对免疫所需器械进行消毒。针头、注射器、镊子等在使用前必须做煮沸消毒处理。消毒具体方法是：用纱布将针头和拆开的注射器包裹后，放在盛有水的容器内，加热煮沸，煮沸后保持 15～20 分钟。针头每用一次必须消毒一次，注射器每天至少消毒一次。三是准备好棉签、碘酊等物品。四是仔细阅读计划接种的疫（菌）苗使用说明书。

2. 免疫操作

首先应将从冷藏设备中拿出的疫（菌）苗恢复至常温状态，再按使用说明书上载明的方法、剂量接种到兔体。接种前，应对接种部位使用碘酊或酒精进行局部消毒。

3. 档案记录

接种后，免疫人员应及时按规定填写好免疫记录，确保档案真实有效、可追溯。

4. 废弃物处理

对过期、破损疫苗和疫苗空瓶以及使用中产生的其他废弃物，集中焚烧或在 1∶50 的"84"消毒液中浸泡 6 小时后深埋处理。

四、免疫注意事项

1. 应购买有国家正规批文并在保质期内的疫苗。

2. 应严格按照使用说明书保管和使用。严防冻结与高温；使用前应先使疫苗恢复至室温，并将疫苗充分摇匀；疫苗开封后应于当天用完。

3. 注射器械及免疫部位必须严格消毒，每只兔使用 1 个针头。

4. 仅用于免疫健康兔，不得免疫病兔。

5. 使用前应当认真检查疫苗，并做好使用记录。

6. 用过的疫苗瓶、器具、未用完的疫苗等应进行消毒处理。

7. 应在兽医指导下进行接种。在已发病地区，应按紧急防疫处理。

8. 菌苗使用前 7 天不得使用抗生素类药物。

第三节　兽药使用标准化操作流程

一、兔场常用兽药

1. 常用化学药物

(1) 氨苄西林钠：用于治疗对青霉素敏感的革兰阳性菌（如葡萄球菌）和革兰阴性菌（如大肠杆菌、巴氏杆菌、沙门菌等）感染。皮下注射，每千克体重用量 25 mg，每天 2 次，连用 2～3 天。

(2) 盐酸土霉素：用于革兰阳性、阴性细菌和支原体、球虫感染的治疗。肌内注射，每千克体重用量 15 mg，每天 2 次。

(3) 硫酸链霉素：用于治疗革兰阴性菌（如巴氏杆菌、布氏杆菌、沙门菌、大肠杆菌、志贺菌属、产气杆菌和嗜血杆菌等）和结核杆菌感染，肌内注射，每千克体重用量 50 mg，每天 1 次。

(4) 硫酸庆大霉素：用于革兰阴性细菌感染的治疗。肌内注射，每千克体重用量 10 mg，每天 1 次。

(5) 硫酸卡那霉素：用于败血症和泌尿系统、呼吸道感染的治疗。肌内注射，每次每千克体重用量 15 mg，每天 2 次。

(6) 恩诺沙星：用于治疗兔的细菌性疾病。肌内注射，每次每千克体重用量 2.5 mg，每天 1～2 次，连用 2～3 天。

(7) 替米考星：用于兔呼吸道疾病的治疗。皮下注射，每次每千克体重 10 mg，每天 2 次，连用 3 天。

（8）盐酸氯苯胍：用于预防和治疗兔球虫病。片剂内服，每次每千克体重用量 10～15 mg。预混剂混饲，每 1000 kg 饲料 100～250 g。

（9）强力霉素：又名多西环素。主要用于预防和治疗敏感菌引起的呼吸道、泌尿道、胆道感染及球虫感染。可溶性粉按每千克体重 10 mg 饮水，每天 2 次，连用 5 天。

（10）伊维菌素：用于治疗兔胃肠道各种寄生虫和螨病。皮下注射，每千克体重用量 200～400 μg。

（11）克霉唑：用于治疗深部、浅表性真菌感染。均匀涂擦患部，每天 3～4 次，直到治愈。

（12）磺胺二甲嘧啶：用于治疗巴氏杆菌、波氏杆菌感染以及细菌性腹泻，也可用于球虫病预防。每千克体重用量 0.2～0.5 g，每天 1 次，连用 3～5 天。

2. 常用中草药

（1）车前草。又名车轮菜、车车子，具有利尿、止泻、明目、祛痰的功效，可用于防治兔呼吸道、肠道感染和球虫病。用法：采鲜草直接喂兔；或用干品煎水内服，每次 10～15 g，每只兔每天 2 次，连用 3～5 天。

（2）蒲公英。又名婆婆丁，具有清热解毒、消肿、利胆、抗菌消炎的作用。可用于防治家兔肠炎、腹泻、肺炎、乳房炎。用法：采鲜草直接喂兔；或取干品 5 g，煎水内服，每只兔每天 2 次，连用 3～5 大。

（3）艾蒿。又名野艾子、艾叶草，有止血、安胎、散寒、除湿的功效。可防治家兔便血、血尿、胎动不安和湿疹。用法：采鲜草直接喂兔，或取干品煎水内服，每只兔每次 15 g，每天 1 次，连用 3～5 天。

（4）茵陈。又名绵茵陈，具有发汗利尿、利胆和退黄疸的功效。可治疗家兔肝球虫病及大便不畅、小便黄赤短涩等症。用法：采鲜草直接喂兔；或取干品煎水内服，每只兔每次 9 g，每天 3 次，连用 5～7 天。

（5）野菊花。又名野黄菊，具有祛风、降火、解毒之功效。可治疗金黄色葡萄球菌、链球菌、巴氏杆菌所引起的疾病。用法：用鲜菊花直接喂兔；或取干品煎水内服，每只兔每次 5 g，每天 2 次，连用 5～7 天。

（6）金银花。又名忍冬花，具有清热解毒的作用。主治家兔流行性感冒、肺炎、呼吸道和消化道疾病及其他热性病。用法：可用鲜枝、叶、花喂兔；干品每只兔每天 4～6 g，煎水内服，连用 3～5 天。

（7）马齿苋。又名马齿菜，有清热解毒、散血消肿、止痢止血、驱虫、消绀的作用，多雨季节喂兔能防止家兔腹泻和球虫病。

（8）板蓝根。具有清热解毒、抗菌消炎的作用。主治家兔咽喉炎、气管炎、肺炎、肠炎、败血症等。用法：干品每只兔每次 5 g，煎水内服，连用 3～5 天，也可用鲜草直接喂兔。

（9）大蒜。大蒜中含有丰富的蒜辣素，具有杀菌、健胃、止痢、止咳和驱虫的功能，可治家兔肠炎、腹泻、肺炎、消化不良、流行性感冒、球虫病等多种疾病。用法：大蒜去皮后取 250 g 捣烂，加水 500 g，浸泡 7 天后即可使用，每只兔每次 3～5 mL，每天 2 次，连用 3～5 天。也可将大蒜捣烂成泥状，拌入饲料中直接喂兔。

（10）紫花地丁。又名地丁草、老鼠布袋，有清热解毒、拔毒、消肿、抗菌消炎作用。可治疗家兔流感、喉炎、肺炎、乳房炎、肠炎、腹泻等。用法：让家兔自由采食，或取干品 6～9 g，煎水内服，每只兔每天 2 次，连服 3 天。

二、兽药使用原则

1. 使用药物进行预防和治疗兔病时，必须遵循农业行业标准 NY/T5030—2016《无公害农产品　兽药使用准则》要求。

2. 抗菌药和抗寄生虫药应严格遵守规定的用法与用量，并遵守休药期的时间规定。肉兔饲养允许使用的抗菌药、抗寄生虫药及使用规定可参考表 5－3。

表 5－3　　　　肉兔饲养允许使用的抗菌药、抗寄生虫药及使用规定

药品名称	作用与用途	用法与用量 （用量以有效成分计）	休药期（天）
注射用氨苄西林钠	用于治疗青霉素敏感的革兰阳性、阴性菌感染	皮下注射，25 mg/kg 体重，2 次/d	不少于 14
注射用盐酸土霉素	用于革兰阳性、阴性细菌和支原体感染	肌内注射，15 mg/kg 体重，2 次/d	不少于 14
注射用硫酸链霉素	用于革兰阴性菌和结核杆菌感染	肌内注射，50 mg/kg 体重，1 次/d	不少于 14
硫酸庆大霉素注射液	用于革兰阴性、阳性细菌感染	肌内注射，4 mg/kg 体重，1 次/d	不少于 14
硫酸新霉素可溶性粉	用于革兰阴性菌所致的胃肠道感染	饮水，200～800 mg/L	不少于 14

续表

药品名称	作用与用途	用法与用量 （用量以有效成分计）	休药期（天）
注射用硫酸卡那霉素	用于败血症和泌尿道、呼吸道感染	肌内注射，一次量，15 mg/kg 体重，2 次/d	不少于 14
恩诺沙星注射液	用于防治兔的细菌性疾病	肌内注射，一次量，2.5 mg/kg 体重，1～2 次/d，连用 2～3 天	不少于 14
替米考星注射液	用于兔呼吸道疾病	皮下注射，一次量，10 mg/kg体重	不少于 14
黄霉素预混剂	用于促进兔生长	混饲，2～4 g/1000 kg 饲料	0
盐酸氯苯胍片	用于预防兔球虫病	内服，一次量，10～15 mg/kg体重	7
盐酸氯苯胍预混剂	用于预防兔球虫病	混饲，100～250 g/1000 kg 饲料	7
拉沙洛西钠预混剂	用于预防兔球虫病	混饲，113 g/kg 饲料	不少于 14
伊维菌素注射液	对线虫、昆虫和螨均有驱杀作用，用于治疗兔胃肠道各种寄生虫病和兔螨病	皮下注射，200～400 μg/kg 体重	28
地克珠利预混剂	用于预防兔球虫病	混饲，2～5 mg/1000 kg 饲料	不少于 14

3. 每次投药剂量要足，混饲时搅拌要均匀，用药时间一般以 3～7 天为宜。

4. 药物使用必须遵守休药期规定。肉用兔必须在宰前 7～15 天停止使用抗菌药与抗寄生虫药物，确保质量安全。

5. 药物使用应注意配伍禁忌。

6. 在使用药物预防时，注意防止耐药性的产生。可通过药敏试验，选择有高度敏感性的药物用于防治。

7. 禁止使用未经农业部批准或已经淘汰的兽药、明令禁止使用的兽药。

◆　　　　　　　　禁用兽药名录

1. 2002 年 2 月 9 日，农业部、卫生部、国家药品监督管理局联合发布 176 号公告，公布《禁止在饲料和动物饮用水中使用的药物品种目录》，该目录主要包括以下兽药：

（1）肾上腺素受体激动剂：盐酸克仑特罗、沙丁胺醇、硫酸沙丁胺醇、莱克多巴胺、盐酸多巴胺、西马特罗、硫酸特布他林。

（2）性激素：己烯雌酚、雌二醇、戊酸雌二醇、苯甲酸雌二醇、氯烯雌醚、炔诺醇、炔诺醚、醋酸氯地孕酮、左炔诺孕酮、炔诺酮、绒毛膜促性腺激素（绒促性素）、促卵泡生长激素（尿促性素主要含卵泡刺激素 FSH 和黄体生成素 LH）。

（3）蛋白同化激素：碘化酪蛋白、苯丙酸诺龙及苯丙酸诺龙注射液。

（4）精神药品：（盐酸）氯丙嗪、盐酸异丙嗪、安定（地西泮）、苯巴比妥、苯巴比妥钠、巴比妥、异戊巴比妥、异戊巴比妥钠、利血平、艾司唑仑、甲丙氨酯、咪达唑仑、硝西泮、奥沙西泮、匹莫林、三唑仑、唑吡旦、国家管制的其他精神药品。

（5）各种抗生素滤渣。

2. 2002 年 4 月 9 日，农业部发布 193 号公告，公布"食品动物禁用的兽药及其他化合物清单"，主要包含以下兽药：

（1）禁用于所有食品动物的兽药有：克仑特罗、沙丁胺醇、西马特罗及其盐、酯及制剂；己烯雌酚及其盐、酯及制剂；玉米赤霉醇、去甲雄三烯醇酮、醋酸甲孕酮及制剂；氯霉素及其盐、酯（包括琥珀氯霉素）及制剂；氨苯砜及制剂；呋喃西林和呋喃妥因及其盐、酯及制剂；呋喃唑酮、呋喃它酮、呋喃苯烯酸钠及制剂；硝基酚钠、硝呋烯腙及制剂；安眠酮及制剂；替硝唑及其盐、酯及制剂；卡巴氧及其盐、酯及制剂；万古霉素及其盐、酯及制剂。

（2）禁用于所有食品动物、用作杀虫剂、清塘剂、抗菌或杀螺剂的兽药有：林丹（丙体六六六），毒杀芬（氯化烯），呋喃丹（克百威），杀虫脒（克死螨），酒石酸锑钾，锥虫胂胺，孔雀石绿，五氯酚酸钠，氯化亚汞（甘汞），硝酸亚汞，醋酸汞，吡啶基醋酸汞。

（3）禁用于所有食品动物用作促生长的兽药有：甲基睾丸酮、丙酸睾酮、苯丙酸诺龙、苯甲酸雌二醇及其盐、酯及制剂；氯丙嗪、地西泮（安定）及其盐、酯及其制剂；甲硝唑、地美硝唑及其盐、酯及制剂。

（4）禁用于水生食品动物用作杀虫剂的兽药有：双甲脒。

3. 2010 年 12 月 27 日，农业部发布 1519 号公告，公布《禁止在饲料和动物饮水中使用的物质》。该公告禁止使用的兽药有：

（1）β-肾上腺素受体激动药：苯乙醇胺 A、班布特罗、盐酸齐帕特罗、盐酸氯丙那林、马布特罗、西布特罗、溴布特罗、酒石酸阿福特罗、富马酸福莫特罗。

（2）抗高血压药：盐酸可乐定。

（3）抗组胺药：盐酸赛庚啶。

4. 2015 年 9 月 1 日，农业部发布第 2292 号公告，决定在食品动物中停止使用洛美沙星、培氟沙星、氧氟沙星、诺氟沙星 4 种兽药。

三、兽药使用操作流程

1. 制定用药方案。兽药使用应根据场内执业兽医处方，制定科学合理的用药方案，确保通过用药达到预防或治疗疾病的预期效果。

2. 准备足够药物。根据用药方案，及时迅速采购或准备充足药品，保障用药需要。

3. 选择用药方法。针对不同的病情和不同药物，按照药品说明书的要求，分别选择注射、投喂、外用等不同的给药方法，从而达到最佳治疗效果。此外，要尽量减少同时使用互相有配伍禁忌的药品。

4. 防范药物反应。对于有可能发生副反应的药品，要事先准备好应急处置措施，准备好急救药品，以便一旦发生用药反应能够及时采取措施。

5. 严格废弃物处理。对药物使用中产生的空瓶等废弃物，应按照国家有关规定处理，不得随意抛弃。

第四节　常见兔病诊治的标准化操作流程

一、兔瘟

兔瘟又称兔病毒性出血症，由兔病毒性出血症病毒感染引起。一年四季均可发生，但以冬春季多发，且多呈暴发性。2 月龄以上兔易发病。发病率、死亡率均可达 100%。

1. 临床症状

最急性型无任何症状死亡或突然尖叫倒地、抽搐死亡；大多数呈急性经过，突然发病，体温达 41 ℃以上，精神萎靡，口渴，拒食，临死前突然兴奋不安，或颤抖抽搐，或跳跃惨叫，部分口鼻出血而死，病程几个小时到一天，个别拖 2～3 天。慢性型病程达 5～6 天，有少数兔临死前口、鼻出血。

2. 典型病变

以全身实质器官瘀血、水肿和出血为主要特征。典型病变主要有：气管表现严重散在点状出血、瘀血，呈鲜红或暗红色，管腔内有大量白色或淡红色泡沫状黏液；肺表面和实质有散在出血斑；肝脏明显肿大、呈深红至紫红色，有的由于变性和坏死，呈土黄色或淡黄色，互相交织；两肾肿大，有出血点，呈紫色或暗红色；脾脏瘀血、出血、边缘钝圆呈紫色；肠道充血、出血；膀胱积尿等。

3. 防治

除抗兔瘟血清外，目前无特效治疗药物，主要采取免疫接种措施进行预防。兔瘟疫苗 35～40 日龄首免 2 mL，60 日龄二免 1 mL，成年兔每年免疫 2～3 次。

二、巴氏杆菌病

兔巴氏杆菌病又叫兔出血性败血症，由多杀性巴氏杆菌引起。一年四季均可发生，春秋两季较多见，任何年龄段都可发病，常引起大批死亡。

1. 临床症状

主要表现为以下几种病型，单独或合并出现。

（1）败血型：体温 41 ℃，沉郁，不食，流水样鼻液，呼吸急促，常于 1～2 天内死亡。临死前四肢抽搐，病程数小时至 3 天。

（2）中耳炎型：在一侧或两侧鼓室有白色奶油状渗出物。如细菌扩散到内耳或脑部可导致斜颈，故又称斜颈病。

（3）鼻炎与肺炎型：这是最常见的病型。唇和鼻周皮肤发炎、红肿。鼻堵塞，发出鼾声，流浆液、黏液、脓性鼻液。常打喷嚏、咳嗽，因爪抓擦鼻部，使鼻周被毛潮湿，缠结，甚至结痂。兔很快消瘦，最终因衰竭而死亡，病程达数月或更长。

（4）结膜炎型：多为两侧性，眼睑中度肿胀，结膜发红，有脓性分泌物。

（5）生殖系统感染型：公兔睾丸炎。

2. 主要病变

鼻腔内有大量鼻液，黏稠，有的呈脓性。喉及气管黏膜亦有充血或出血点。肺通常呈急性纤维素性渗出和胸膜肺炎变化，胸膜与肺粘连，有时能见到胸腔积液。肺实变，肺炎型多呈急性经过。有的呈化脓性胸膜肺炎变化。

3. 防治

（1）免疫：用兔巴氏杆菌病疫苗作预防注射，每只兔皮下注射 1～2 mL，小兔断奶后注射，每年 2～3 次。也可选用兔巴氏杆菌病二联疫苗免疫，按照说明书使用。

（2）治疗：

①氟苯尼考肌注，每千克体重 20～22 mg，每天 2 次，连用 3～5 天。

②庆大霉素肌注，每千克体重 3～5 mg，每天 2 次，连用 3 天。

三、大肠杆菌病

大肠杆菌病又称黏液性肠炎，是由大肠杆菌引起的一种肠道传染病。本病一年四季均可发生，各种年龄和性别的兔都易被感染，尤以仔兔和 3 月龄以内幼兔多发。

1. 临床症状

急性病例可表现为突然死亡。多数病兔表现为精神沉郁、被毛粗乱、食欲不振、腹部鼓胀，以排出黑色糊状粪便及透明胶冻样黏液为特征。肛门周围及后肢的被毛被稀粪玷污，有时亦夹带胶冻样黏液。病兔迅速消瘦，四肢发冷，磨牙，常于 1～3 天死亡。个别病兔表现出便秘，拉呈两头尖的干粪球，病程较长，逐渐消瘦死亡。

2. 主要病变

病兔可见胃膨大，内充满大量液体；肠道充满气体、液体或胶冻样物；胃肠黏膜有时有出血、充血、水肿；胆囊扩张、黏膜水肿；膀胱积尿。便秘病兔剖检可见盲肠末端板结，内容物较硬，结肠内有胶冻样物质；肝脏及心脏有小点状坏死灶。

3. 防治

（1）预防：严防病从口入，应选用清洁卫生之优质饲料可以减少本病的发生，同时抓好环境卫生和饲养管理。

（2）治疗：控制精料喂量，适量饲喂干草，再选用敏感药物进行治疗。

①庆大霉素粉剂每千克体重 10～15 mg，每天分 2～3 次喂服，连用 2～3 天；或采用庆大霉素肌注，每千克体重 3～5 mg，每天 2 次，连用 2～3 天。

②恩诺沙星肌注，每千克体重 10 mg，每天 2 次，连用 3～5 天。

③氟哌酸每千克体重 10 mg 内服，每天 2 次，连用 3～5 天。

④蒙脱石散兑水喂服，每只兔每次 1～1.5 g，每天 1～2 次。

（3）辅助疗法：成年病兔可每只腹腔注射 20%～50%葡萄糖注射液 20 mL、维生素 C 2 mL 和 5%碳酸氢钠溶液 2 mL。

四、魏氏梭菌病

是由 A 型魏氏梭菌（产气荚膜杆菌）感染所引起的一种急性传染病。除仔兔外均易发，一年四季均可发生。

1. 临床症状

病兔以拉褐色水样稀粪为特征，伴有恶臭腥味，肛门周围、后肢及尾部被稀粪污染；被毛粗乱、精神不振、拒食、脱水；无体温变化，最后消瘦死亡。外观腹部膨胀，轻摇兔身可听到"哐当哐当"的拍水声。提起患兔，粪水即从肛门流出。患病后期，可视黏膜发绀，双耳发凉，肢体无力，严重脱水。发病后最快的在几小时内死亡，多数当日或次日死亡，少数拖至一周后最终死亡。

2. 主要病变

打开腹腔即可闻到特殊的腥臭味。胃多胀满、浆膜上可见有大小不一的溃疡斑，胃黏膜脱落、溃疡；小肠胀气，肠管薄而透明；大肠特别是盲肠浆膜上有鲜红的出血斑，肠内充满褐色或黑绿色的粪水或带血色粪及气体；肝质脆；膀胱多充满深茶色尿液；心脏表面血管怒张呈树枝状充血。

3. 防治

（1）预防：35～40 日龄用 A 型魏氏梭菌病疫苗，每只皮下注射 2 mL。以后每 6 个月注射 1 次。

（2）药物治疗：

①本病的致死原系魏氏梭菌及其所产生的毒素，故 A 型魏氏梭菌抗毒素在早期治疗有显著效果。

②抗生素及抗菌药物仅可用于防治并发症。

③康复期可辅以补液、内服食母生、胃蛋白酶等助消化药。

五、葡萄球菌病

由金黄色葡萄球菌引起的一种常见病，主要经皮肤和黏膜感染，特别是外伤时易发生，也可由呼吸道和消化道传染。各品种及各年龄段兔均易感。

1. 临床症状

（1）局部脓肿：原发性脓肿常位于皮下、肌肉或某一脏器，这些脓肿大小不等，数量不一，初期呈小的红色硬结，后增大变软，有明显包囊，内含乳白色糊状脓汁。皮下脓肿经 1～2 个月可自行破溃，流出脓汁而愈合，但极易复发。

（2）仔兔脓毒败血症：多因产箱或垫草被该菌污染，导致刚出生的仔兔皮下出现粟粒大小的白色脓疱，多数在 2～5 天因败血症而死亡。

（3）脚皮炎：兔脚掌的皮肤充血，肿胀、脱毛，继而化脓、破溃并形成经久不愈的蜂窝织炎。病兔不愿走动，小心换脚休息。有的病例转为全身性感染，死于败血症。

（4）仔兔急性肠炎（黄尿病）：因仔兔吮食患葡萄球菌病母兔的乳汁而发生或因产箱、垫草不洁而引起，一般全窝发生。仔兔肛门周围和后肢被粪水污染，粪便腥臭，病兔昏睡，体弱，病程 2～3 天，死亡率高。

（5）乳房炎：多见于母兔分娩后的头几天。急性时病兔体温升高、精神沉郁、食欲不振，乳房肿胀、发红，甚至呈紫红色，乳汁中有脓液、凝乳块或血液。慢性时乳房皮下或实质形成大小不一、界限明显的坚硬结节，以后结节软化变为脓肿。化脓性乳腺炎也可发展为全身性脓毒败血症而引起死亡。

2. 主要病变

病兔不同部位和内脏器官有数量不等、大小不一的脓疱，内含浓稠的乳白色脓液。

3. 防治

（1）预防：产箱、垫料要及时洗、晒，更换和消毒；搞好肉兔饲养小环境的清洁卫生。

（2）药物治疗：

①局部脓肿、溃疡：皮下脓肿需待成熟后手术排脓，涂搽 5％碘伏及抗菌软膏等；未成熟的皮下脓包可以每天一次外抹鱼石脂软膏或硫酮脂

软膏催熟。

②全身治疗：青霉素肌注，每千克体重 50000 U，每天 2 次，连用 4～5 天。

③乳房炎：用蒲公英鲜草捣烂涂抹乳房或用花椒煮水清洗乳房；此外，还可选用新鲜的野菊花、蒲公英、紫花地丁、艾叶、石榴皮等饲喂患兔；也可用普鲁卡因青霉素封闭病灶治疗。

④脚皮炎：蒜泥与白酒 1∶1 混合，置 5～7 天后，用其液涂抹患处，每天 1 次，擦好为止。如果患部已化脓，要将脓挤净后用双氧水涂洗，再用清洁纱布或软质棉布擦干后搽蒜酒，每天 1 次，擦好为止。

六、波氏杆菌病

本病是由支气管败血波氏杆菌引起的一种家兔常见的呼吸道传染病。冬春多发，主要经呼吸道感染。通常与巴氏杆菌混合感染。

1. 临床症状

鼻炎型：比较多发，鼻黏膜潮红，流浆液性或黏液性鼻液，鼻腔周围被毛污秽，病兔表现摇头、拱笼和摩擦鼻部。初见鼻炎症状后，即表现呼吸困难，病程可拖延数月。临床上与巴氏杆菌鼻炎不易区分或呈混合感染。

支气管肺炎型：多见于成年兔，鼻炎长期不愈或治疗不及时转化而来。流黏液性或脓性鼻液，呼吸加快，打喷嚏，食欲不振，逐渐消瘦，病程数周至数月，严重的甚至死亡。

2. 主要病变

本病的主要病变为鼻炎、化脓性气管炎、化脓性支气管肺炎，个别的出现败血病变化。鼻腔、气管黏膜充血、水肿。鼻腔内有浆液性、黏液性或黏液脓性分泌物。病变多见于肺心叶、尖叶，严重的病例波及全肺。病变部隆起、坚硬，呈暗红色、褐色，进而为灰黄色。有些病例肺或心包上有大小不等的脓疱，严重的占据胸腔的 90% 以上，脓疱内有黏稠的乳白色脓汁。有的表现出心包炎、胸膜炎等症状。

3. 防治

(1) 预防接种：断奶后幼兔皮下注射波氏杆菌病疫苗 2 mL，1 年 2 次。

(2) 药物治疗：氟苯尼考肌注，每千克体重 20～22 mg，每天 2 次，连用 3～5 天。

七、皮肤真菌病

兔皮肤真菌病主要是由毛癣菌和大小孢霉菌寄生在兔皮肤、毛囊和毛干，造成脱毛。一年四季均易发，各年龄兔均可感染，以幼兔的发病最明显。

1. 临床症状

兔子发病一般从头颈部、嘴、眼周围及耳根部、爪等部位开始，随着病情的发展，蔓延到四肢和身体其他部位，并发生脱毛现象，患处还会有灰白色皮屑。如果病情进一步加重，会伴有灰黄色的痂皮产生，会发生皮肤炎症和并发其他病菌感染。本病脱毛明显、面积大，传染性强。

2. 防治

发现病兔立即隔离治疗或淘汰。病兔接触的笼子和用具等用甲醛熏蒸消毒，污物和粪便用生石灰消毒后深埋或焚烧处理。

治疗时先将患部剪毛，再用硫黄皂拭洗软化除去痂皮后可涂擦下列药物：

（1）克霉唑软膏，均匀涂擦患部，每天1～2次，直到治愈。

（2）咪康唑或酮康唑软膏，均匀涂擦患部，每天1～2次，直到治愈。

八、球虫病

是由寄生在胆管上皮和肠道上皮细胞的多种球虫所引起，不同年龄的兔均可感染，4月龄以上兔感染但不发病，但幼兔感染却最为严重，使其发育受阻，甚至大批死亡。该病全年都能发生，尤以温暖潮湿的季节为最。

1. 临床症状

根据球虫的寄生部位可分为肠型、肝型和混合型三种，现以肠型多见。肠型出现顽固性下痢，病兔肛周被粪便污染，死亡快；肝型则以腹围增大下垂、肝区触诊有痛感，可视黏膜轻度黄染为特征。发病后期，幼兔往往出现神经症状，表现为四肢痉挛、麻痹，最后因极度衰竭而死。

2. 病理变化

肠型球虫病可见十二指肠壁厚，黏膜炎症，小肠内充满气体和大量微红色黏液，肠黏膜充血并有出血点。慢性者，肠黏膜呈灰色，有许多小而硬的黄白色小结节，内含有卵囊。肝型球虫病则肝大，肝表面与实质内有白色或淡黄色的结节性病灶。胆囊肿大，胆汁浓稠色暗。混合型球虫病则各种病变同时存在，且更为严重。

3. 防治

（1）断奶后幼兔用氯苯胍 100～150 mg/L 混饲，连用 2 个月。

（2）地克珠利按 1～5 mg/L 拌料饲喂，连用 1 个月。

（3）球痢灵：每千克体重 250 mg 拌料，连用 5 天，停 3 天，再连用 5 天，如此循环直至 3 月龄。

九、螨病

兔螨病是由疥螨和痒螨引起的高度接触性传播的一种体外寄生虫病。本病全年均可发生，幼兔比成年兔患病严重。

1. 临床症状

兔痒螨病：痒螨主要侵害耳部，耳朵内有渗出物和黄色的痂皮，严重的会塞满耳道，病兔耳朵会发生下垂。

兔疥螨病：兔疥螨和兔背肛螨一般先在趾爪部无毛或毛较短的部位寄生引起病变，后因用患病趾爪抓挠而蔓延感染到其他部位，如嘴唇、鼻孔及眼周围，因为病变处奇痒难耐，病兔无心进食，进而导致贫血、消瘦，严重者可引起死亡。

2. 防治

（1）伊维菌素或阿维菌素外抹或皮下注射，皮下注射时每千克体重 0.2 mL。

（2）1%～2%敌百虫水溶液擦洗患部，每 7 天用 1 次，共 3～4 次。

3. 与皮肤真菌病的鉴别

（1）真菌病主要发生在幼兔和青年兔，10 多日龄的仔兔也能感染发病。而螨病主要发生在青年兔和成年兔。

（2）真菌病能感染兔子体表的大多数部位，且脱毛明显、面积大，有皮屑，用手在脱毛部位的周围轻轻拔毛，兔毛很容易脱落。螨病主要发生在趾爪以及口鼻周围，患处周围的兔毛不太容易轻轻拔掉，兔子奇痒难耐，有抓挠和啃咬的现象。

十、霉变饲料中毒

因饲料贮存不当受潮发霉变质，家兔采食被霉菌污染的饲料而引起，其中黄曲霉毒性最强。本病死亡率较高。

1. 临床症状

以急性胃肠炎为特征。主要表现为家兔采食霉变饲料后，很快出现中毒症状：食欲废绝，精神沉郁，眼结膜苍白色，流涎，口吐白沫，腹痛，腹泻，粪便腥臭、带有黏液或带血液，体温升高，呼吸加快，全身衰弱，站立不稳，趴卧于笼内，怀孕母兔发生流产。

2. 主要病变

胃浆膜有溃疡斑、胃肠黏膜脱落、坏死、肠壁薄且有大量出血点；肝脏肿大质脆，肝细胞坏死、变性，表面有大量的出血点和不规则的坏死区；心脏和脾脏有出血点；肾脏和膀胱发生炎性变化等。

3. 防治

（1）立即停喂霉变饲料，换优质、适口性好、易消化的草料。

（2）用 0.1%高锰酸钾液或弱碱水洗胃，投服健胃泻剂，如硫酸镁、液体石蜡等，以排出消化道内有毒食物。

（3）静脉注射 10%高渗葡萄糖。另外可根据病情同时加入维生素 C，以保肝、解毒、增强机体抵抗力，皮下注射咖啡因或樟脑等强心剂对症治疗。

（4）为防止继发性感染，用环丙沙星按每升水加 15～25 mg 混饮。

第五节　疫病防控的标准化操作流程

肉兔疫病防控是复杂的系统工程，必须采取隔离、消毒、免疫、病死兔无害化处理等综合防控措施。要确保肉兔养殖安全发展，首先必须贯彻执行预防为主、防重于治的指导思想，制定严格的防疫制度并认真执行。防疫制度的主要内容应包括人员物品及车辆进出管理、隔离、消毒、免疫、病死兔及粪污无害化处理等。

一、严格隔离措施

隔离就是为了控制疫病的传染，便于管理消毒，防止疾病流行。兔场外要有围墙，防狗、猫等动物进入。大门口设立车辆消毒通道，每栋兔舍门口要设立消毒池，生产区和生活区要予以物理隔离并保持一定距离。

1. 引种隔离

种兔运到目的地后应及时转入笼内饲养，定点隔离检疫 1 个月以上，确定无病才能转入兔舍与原有饲养兔群合群饲养。

　　2. 人员隔离

　　原则上外人不得进入兔场。工作人员进入兔舍，应经消毒更衣室消毒、换穿工作服后方可入内。

　　3. 病兔隔离

　　兔场一旦发现传染病，应立即检查整个兔群。有明显症状或其他方法检查为病兔的，将病兔、可疑病兔和假定健康兔进行分群、分笼饲养。一般病兔应隔离在原来场所，设专人饲养，严加看护，进行观察和治疗，严禁越出隔离场所；可疑病兔，一般症状不明显，因与病兔及污染物有过接触，应经消毒处理后置隔离舍饲养观察；假定健康兔，无任何症状的最好转移到经消毒处理后的新场地饲养。隔离观察期间，每隔5天详细检查一次，直至整个兔群康复为止。隔离区内所有的用具、饲料、粪便都要经严格消毒才能外运，无治疗价值的按规定作无害化处理。

二、坚持定期消毒

　　消毒是防疫的重要措施之一，一般规模兔场都应设置消毒室和消毒池。大门口的消毒池一般与门同宽，深0.3 m，长4 m。凡进入生产区的人员必须先更衣、换鞋、消毒，更衣室内应安装紫外线灯进行照射消毒；兔舍和兔场出入处应设置永久性的消毒池（槽），消毒药液应定期更换。加强日常消毒工作。一般情况下每7～10天消毒一次，每月一次全面大消毒。有传染病发生时每天消毒1～2次，至疫情停止后一周结束。

　　1. 入场消毒

　　凡进入场区的人员、车辆，必须经药物喷雾消毒后才能进入场内；参观人员必须在更换经消毒的工作服、鞋子和帽子后，才允许进入生产区；出售家兔必须在场区外进行，已调出的家兔，严禁再送回兔场；严禁其他畜禽进入场区。

　　凡进入兔舍、饲料间的饲养人员，必须在换衣、换鞋和脚踏消毒池水后方可入内；饲养人员必须洗手消毒后才能开始工作。每天工作完毕后饲养人员应将工作服、鞋子、帽子脱在更衣室，洗净消毒后备用。

　　2. 场区消毒

　　场区一般半个月至1个月消毒1次即可。首先清除场内粪便、杂草等污物，再用20％的生石灰或3％的氢氧化钠溶液进行消毒。地面可先彻底清扫后，再喷洒消毒药物（如3％～5％甲酚、10％～20％石灰乳、15％

漂白粉溶液、2％热烧碱水、1∶600百毒杀或0.5％过氧乙酸等）；生产区内各栋兔舍周围、人行道每隔3～5天大扫除1次，每隔10～15天消毒1次；晒料场和兔子运动场每天清扫1次，每隔5～7天消毒1次。消毒药应每个月交替轮换使用。每年的春秋两季，在易被污染的兔舍墙壁上和固定兔笼的墙壁上涂抹10％～20％的生石灰乳，在墙角、底层笼阴暗潮湿处应撒上生石灰；在生产区门口、兔舍门口、固定兔笼出入口的消毒池，每隔1～3天清洗1次，并用2％的烧碱水溶液消毒。

3. 兔舍消毒

每周消毒一次。消毒前，应彻底清除剩余的饲料、垫草及其污物，用清水洗刷干净，待干燥后使用化学药品消毒。还可用喷灯进行火焰消毒，对杀死虫卵及寄生虫效果很好。兔舍、兔笼、通道、粪尿底沟每天清扫1次，夏秋季节每隔5～7天消毒1次。粪便和污物应选择离兔场200 m以外的地方堆积发酵后掩埋。在消毒的同时，有针对性地用2％的敌百虫水溶液喷洒兔舍、兔笼和周围环境，以杀灭螨虫和其他有害昆虫，同时应做好灭鼠工作。空舍可以采用甲醛熏蒸消毒。

4. 带兔消毒

首先，将笼中承粪板上的粪便及笼具上的兔毛、杂物和尘埃清理干净，然后用消毒剂进行喷雾消毒。可使用0.1％过氧乙酸或0.1％二氯异氰尿酸钠水溶液进行喷雾消毒。喷雾时要保持与兔体距离80 cm以上，以笼中挂小水珠即可。同时，消毒液水温也不应太低，以减少应激。

5. 器械消毒

每隔一定时间，应将食具、垫板及产仔箱等，放在阳光下曝晒2～4小时，可杀灭细菌等。养兔所用的水槽、料槽、料盆、运料车等工具每天都应该冲刷干净，每隔7～10天在2％～5％烧碱水浸泡10～15分钟或用喷灯火焰消毒。治疗兔病所用的注射器、针头、镊子等器具每次使用后在沸水中煮30分钟或高压灭菌15分钟或者用0.1％的新洁尔灭浸泡消毒；饲养人员的工作服、毛巾和手套等要经常用1％～2％的甲酚或4％的烧碱水溶液洗涤消毒。

6. 疫病后消毒

兔场发生传染病后，应迅速隔离病兔并对其单独饲养和治疗。对受到污染的场地和器具要进行紧急消毒，病死兔要予以烧毁或深埋。病兔笼具和污物要用火焰消毒器严格消毒。加强饲养人员进出生产区各栋舍的消毒管理。发生急性传染病的兔舍应每天消毒1次。传染病被控制后，若病兔已经痊愈或处理，无新发病例，全场应进行一次彻底消毒。

三、做好基础免疫

免疫接种是预防传染病发生的重要手段之一。规模养殖场应当根据当地疫病发生、流行情况，结合本场实际制定科学合理的免疫程序，从而有效预防传染病的发生。重点突出兔病毒性出血症、巴氏杆菌病和魏氏梭菌病的免疫。

四、加强药物预防

在兔病流行季节到来之前或流行初期，在饲料、饮水或饲料添加剂中适当添加药物进行群体预防，可以收到较好效果。

1. 产后3天内，母兔每次内服长效磺胺片0.05 g/kg体重，每天内服2次，连服3天，可预防乳房炎等疾病的发生。

2. 磺胺二甲嘧唑按0.4%～0.5%的量混入饲料中内服，每天2次，或以0.2%浓度饮水，连饮水3周；或用强力霉素每千克体重5～10 mg，每天内服2次，可减少波氏杆菌病、巴氏杆菌病及球虫病的发生。

3. 用土霉素按每千克体重20 mg，每天内服2次，连服3天，可预防巴氏杆菌病及魏氏梭菌病的发生。

4. 在仔兔开食或断奶期间，可用球痢灵，每千克体重50 mg，每天内服2次，连用5天；或每千克饲料中加氯苯胍150 mg，断奶开始连用45天，可预防球虫病、滴虫病及其他细菌的感染。

五、严格病死兔处理

病死兔的尸体含有大量的病原，不及时处理就会污染环境，引起其他动物或人发病。对病死兔进行无害化处理十分重要，应按照《病死动物无害化处理技术规范》进行。

六、定期驱虫灭害

1. 体表驱虫
定期用0.5%～1%的敌百虫喷洒地面和兔身。

2. 体内驱虫
(1) 种兔：产仔前10～15天用杀球灵（主要活性成分是氯嗪苯乙氰）混料或饮水直到仔兔断奶，预防球虫病的发生。用量：每千克体重

1 mg，或产仔前 10～15 天皮下注射伊维菌素或阿维菌素，可杀螨虫、驱线虫。

（2）肉兔：1～2 月龄幼兔用莫能霉素（聚醚类）0.002％拌料或制颗粒料预防球虫病；仔兔断奶前 1 周左右皮下注射伊维菌素或阿维菌素；混群后 1 周全群皮下注射伊维菌素或阿维菌素。为防重复感染，需间隔 1 周再用药 1 次。

（3）引进种兔：及时注射伊维菌素或阿维菌素；或饲喂抗球虫药杀球灵或莫能霉素，并隔离养 1 个月再混群。

3. 灭鼠灭蝇

蚊、蝇、鼠等是病原体的宿主和携带者，能传播多种传染病和寄生虫病，杀灭它们在疫病防控上有重要的意义。

七、加强粪污处理

养兔产生的粪污要严格按照 NY/T1168—2006《畜禽粪便无害化处理技术规范》的要求进行。兔粪通常可以制作有机肥、生产沼气和加工用作饲料。污水则应采用先进的工艺流程和污水处理方法进行处理净化，确保实现达标排放。

八、防止中毒发生

坚持预防为主，重点防止农药、有毒植物、霉饲料及鼠药中毒。

九、加强饲养管理

良好的饲养管理是减少疾病发生的基础，也是控制疾病发展的重要手段。

（1）创造良好的饲养环境。兔舍提供适宜的温度、湿度和光照。初生仔兔适宜温度为 30 ℃～32 ℃，成年兔以 10 ℃～25 ℃为宜。兔舍内相对湿度以 60％～65％为宜。同时应保持兔舍安静，避免噪声干扰，兔场日常管理工作发出的声音不得高于 45 dB。做好冬季防寒保暖和夏季防暑降温工作。

（2）保持兔舍干燥卫生，通风透光，勤换垫草，勤清粪便，防止有害气体产生。

（3）经常检查兔群，发现病兔及时隔离治疗。

（4）注意饲料、饮水卫生，定期消毒。

第六章　粪污处理的标准化操作流程

第一节　兔场环保的技术目标

随着社会的发展和人们生活水平的提高，养兔业正由传统的农户散养模式向规模化、集约化模式转变，粪便排放量呈逐年增长趋势，这些废弃物只有少量得到初步的处理和利用，其余则大量地排放到了环境中。兔的粪便未经处理不仅对动物自身有害，也会对环境、土壤、水源和空气带来严重污染，还会造成疫病传播及人畜共患病的发生。排放应当符合《GB18596—2001畜禽养殖业污染物排放标准》要求。

一、兔粪污染物的排放系数和产生量

兔粪污染物的排放量见表6-1。

表6-1　　　　　　　　兔粪污染物的排放量

项目	排放量	项目	排放量
综合排放量(kg/d)	0.12	干物质(%)	75
成年兔(g/d)	70～80	总氮(kg/t)	17.9
妊娠母兔(g/d)	150～200	总磷(kg/t)	5.9
幼兔(g/d)	40～50	产气率(m^3/kg)	0.2

兔排尿量约是排粪量的2倍。据相关研究，每只兔的饲养期排泄量是28.6 kg。

二、兔场污染物排放标准

1. 水污染物排放标准

(1) 兔场生产产生的废水不得排入敏感水域和有特殊功能的水域。

排放去向应符合国家和地方的有关规定。

（2）最高允许排水量，即养殖过程中直接用于生产的水的最高允许排放量。考虑到兔的综合排泄量与鸡相当，建议参考鸡场排水量标准执行（m³/千只·d），见表 6-2。

表 6-2　　　　　　　　　　　　最高允许排水量

生产工艺	春秋季(m³/千只·d)	夏季(m³/千只·d)	冬季(m³/千只·d)
水冲工艺	1.0	1.2	0.8
干清粪工艺	0.6	0.7	0.5

（3）污染物最高允许日均排放浓度见表 6-3。

表 6-3　　　　　　　　　　　　污染物最高允许日均排放浓度

控制项目	五日生化需氧量(mg/L)	化学需氧量(mg/L)	悬浮量(mg/L)	氨氮(mg/L)	总磷(以 P 计)(mg/L)	粪大肠菌群数(个/100 mL)	蛔虫卵(个/L)
标准值	150	400	200	80	8.0	1000	2.0

2. 废渣排放要求

（1）废渣指兔场向外排放的兔粪、兔舍垫料、废饲料及散落的毛等固体废物。

（2）必须设置废渣的固定储存设施和场所，储存场所要有防止粪液渗漏、溢流的措施。

（3）用于直接还田的畜禽粪便，必须进行无害化处理。

（4）禁止直接将废渣倾倒入地表水体或其他环境中。兔粪还田时，不能超过当地的最大农田负荷量，避免造成面源污染和地下水污染。

（5）经无害化处理后的废渣，应符合表 6-4 的规定。

表 6-4　　　　　　　　　　　　养殖业废渣无害化环境标准

控制项目	指标
蛔虫卵	死亡率≥95%
粪大肠菌群数	≤10^5 个/kg

3. 恶臭污染物排放要求

（1）恶臭污染物指一切刺激嗅觉器官，引起人们不愉快及损害生活环境的气体物质。

（2）臭气浓度指恶臭气体（包括异味）用无臭空气进行稀释，稀释到刚好无臭时所需的稀释倍数。

（3）兔场恶臭污染物排放应符合表6-5的标准。

表6-5   兔场恶臭污染物排放标准

控制项目	标准值
臭气浓度(无量纲)	70

第二节 粪污处理的标准化操作流程

一、粪污处理的基本原则

1. 应采用先进的工艺、技术与设备，改善管理，综合利用，从源头削减污染量。

2. 粪便处理应坚持综合利用的原则，实现粪便的资源化。

3. 养殖场必须建立配套的粪便无害化处理设施或处理（置）机制。

4. 应严格执行国家有关的法律、法规和标准，畜禽粪便经过处理达到无害化指标或有关排放标准后才能施用和排放。

5. 发生重大疫情的畜禽养殖场粪便必须按照国家兽医防疫有关规定处置。

二、粪污处理的基本要求

1. 处理场地的要求

场内粪便处理设施应按照 NY/T682 的规定设计，应设在养殖场的生产区、生活管理区的常年主导风向的下风向或侧风向处，与主要生产设施之间保持 100 m 以上的距离。

2. 收集与储存要求

（1）应采用先进的清粪工艺，避免畜禽粪便与冲洗等其他污水混合，减少污染物排放量。

（2）粪便收集、运输过程中必须采取防扬撒、防流失、防渗漏等环境污染防止措施。

（3）应分别设置液体和固体废弃物贮存设施，畜禽粪便贮存设施位置必须距离地表水体 400 m 以上。

（4）粪便贮存设施应设置明显标志和围栏等防护措施，保证人畜安全。

（5）贮存设施必须有足够的空间来贮存粪便，一般在能够满足最小容量的前提下将深度或高度增加 0.5 m 以上。对固体粪便贮存设施最小容积为贮存期内粪便产生总量和垫料体积总和。对液体粪便贮存设施最小容积为贮存期内粪便产生量和贮存期内污水排放量的总和。对于露天液体粪便贮存时，必须考虑贮存期内降水量。采取农田利用时，畜禽粪便贮存设施最小容量不能小于当地农业生产使用间隔最长时期内养殖场粪便产生总量。

（6）粪便贮存设施必须进行防渗处理，防止污染地下水。

（7）粪便贮存设施应采取防雨（水）措施。

（8）贮存过程中不应产生二次污染，其恶臭及污染物排放应符合GB18596的规定。

3. 处理与利用要求

（1）禁止未经无害化处理的畜禽粪便直接施入农田。畜禽粪便经过堆肥处理后必须达到表 6-6 的卫生学要求。

表 6-6　　　　　　　　畜禽粪便堆肥无害化卫生要求

项目	卫生标准
蛔虫卵	死亡率≥95％
粪大肠菌群数	≤10^5 个/kg
苍蝇	有效地控制苍蝇滋生，堆体周围没有活的蛆、蛹或新羽化的成蝇

（2）固体粪便宜采用条垛式、机械强化槽式或密闭仓式堆肥等技术进行无害化处理，养殖场可根据资金、占地等实际情况选用。采用条垛式堆肥，发酵温度45℃以上的时间不少于14天。采用机械强化槽式或密

闭仓式堆肥时，保持发酵温度 50 ℃以上的时间不少于 7 天，或发酵温度 45 ℃以上的时间不少于 14 天。

（3）液态粪便可以选用沼气发酵、高效厌氧、好氧、自然生物处理等技术进行无害化处理，达到表 6 - 7 的卫生要求。处理后的上清液和沉淀物应实现农业综合利用，避免产生二次污染。

表 6 - 7　　　　　　　　　　　液态粪便厌氧无害化卫生学要求

项目	卫生标准
寄生虫卵	死亡率≥95％
血吸虫卵	在使用粪液中不得检出活的血吸虫卵
粪大肠菌群数	常温沼气发酵≤10000 个/L,高温沼气发酵≤100 个/L
蚊子、苍蝇	有效地控制蚊蝇滋生,粪液中无孑孓,池的周围无活的蛆、蛹或新羽化的成蝇
沼气池粪渣	达到《粪便堆肥无害化卫生要求》后方可用作农肥

（4）处理后的上清液作为农田灌溉用水时，应符合《农田灌溉水质标准》（GB 5084）的规定。

（5）处理后的污水直接排放时，应符合《畜禽养殖业污染物排放标准》（GB 18596）的规定。

（6）无害化处理的畜禽粪便进行农田利用时，应结合当地环境容量和作物需求进行综合利用规划。

（7）利用无害化处理后的畜禽粪便生产商品化有机肥和有机-无机复混肥，须分别符合《有机肥料》（NY 525）和《有机-无机复混肥料》（GB 18877）的规定。

（8）利用畜禽粪便制取其他生物质能源或进行其他类型的资源回收利用时，应避免二次污染。

三、粪污处理的基本方法

养兔产生的粪污要严格按照 NY/T1168—2006《畜禽粪便无害化处理技术规范》的要求进行，应积极通过废水和粪便的还田或其他措施对所排放的污染物进行综合利用，实现污染物的资源化。常采用以下几种方法处理：

1. 制作有机肥

（1）堆肥发酵法：将粪便和残剩草料一并堆积，边堆边加水，使其水分含量达50%左右，周围用泥土封闭，任其发酵。1～3个月即可用作肥料。

（2）脱水干燥法：可使用烘干炉快速干燥（10分钟左右），或阳光下晒干，将粪便的含水量降至10%～15%。

2. 生产沼气

兔场的粪便是沼气生产的优质原料。沼气是清洁能源，既可用作燃料，也可用于发电。沼渣是上等的有机肥，可用于土壤改良。目前，多采用水压式沼气池生产沼气。沼气可作为生产生活燃料，也可用来发电。

3. 用作饲料

兔粪首先应当去泥、去杂、不发霉、无污染。其加工处理一般采用下列几种方法。

（1）干燥法。收集干净兔粪，晒干粉碎，在水泥地面上铺成很薄的一层，暴晒3小时以上，然后按比例拌入饲料中喂猪。夏季多采用此法。

（2）煮沸法。收集新鲜兔粪，加入麸皮等饲料，煮沸10～15分钟，拌入饲料中喂猪。此法多用于冬季。

（3）浸泡法。把晒干的兔粪粉碎后装入缸、盆等容器中，加入沸水搅拌，调成糊状投喂。

（4）碱液处理法。把晒干粉碎的兔粪装入缸内，按50 kg兔粪加入40%的苛性钠水溶液100 kg的比例浸泡24小时，捞出后放入清水中，沥干后即可用于喂猪。

（5）青贮发酵法。将收集到的新鲜兔粪搓碎，拌入青草、青菜，加入适量水，以拿起不滴水为原则。然后装缸或装窖压实，上面撒麸皮、草糠、米糠等进行保温，密封1～2天。此法多用于夏秋季节。

4. 污水处理

兔场应建立有效的污水处理系统，采用先进的工艺流程和污水处理方法对污水进行净化处理，实现达标排放。有条件的地方可以采取建立人工湿地，实现污水生态净化，达到粪污的可循环利用。粪污生态处理流程见图 6-1。

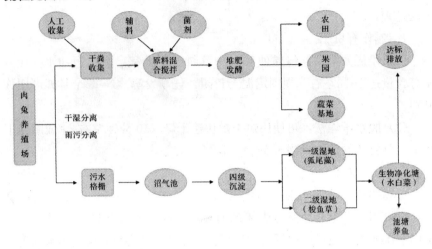

图 6-1　粪污生态处理流程图

第三节　病死兔无害化处理的操作流程

一、病死兔处理的基本原则

通过对病死兔的处理，达到彻底消灭其所携带的病原体，消除病害因素，保障人畜健康安全的目标。其处理方法应符合高效、节能、易操作、无害化的原则。

二、病死兔处理的基本方法

应按照《病死动物无害化处理技术规范》要求进行。通常有以下几种方法：

1. 焚烧法

焚烧法即把病死兔用柴堆、焚烧炉或焚烧坑火化等方法变为灰烬的过程。通过燃烧，杀灭病原微生物，效果确实。适用于对所有有害病原微生物的杀灭，特别是烈性、危险的疫病尸体的处理。

2. 腐败发酵法

将病死兔尸体投入专门挖建的容积 30 m³ 以上的无害化处理池内，池壁和底可用水泥或涂防腐油做成，要不透水。池口高出地面 30 cm，上面设有盖子，密封，3~5 个月后，尸体自然腐化、降解。不适合芽孢菌感染的动物尸体的处理。

3. 深埋法

在干燥、平坦、远离水源和居民住宅及其他养殖场的偏远地方，将病死兔尸体埋于挖好的 2 m 多深的坑内，利用土壤微生物将尸体腐化、降解。简便易行，但处理不太可靠、不彻底，所以在深埋的过程中应先在坑底铺一层厚约 2 cm 的漂白粉或生石灰，同时还要撒在尸体上进行消毒，也可结合焚烧法，在坑内先烧后埋。尸体覆土厚度应达到 1.5 m，覆土高度应略高于地表，不能太实。

4. 化制法

将病死兔尸体在特定的化制厂中加工，经过高温高压灭菌处理，既消灭了病原体，又保留了有经济价值的东西，化制后可用于制作肥料、工业用油等。

三、病死兔处理的操作流程

1. 病死兔的收集

发现病兔死亡时，饲养员应当向兽医技术员报告，并在其指导下使用可密闭尸体袋进行收集，统一存放于指定地点。

2. 处理准备

处理前应准备好运送车辆、包装材料、消毒药品。工作人员应穿戴工作服、口罩、护目镜、胶鞋（靴）及手套，做好个人防护。

病死兔尸体和其他需无害化处理的物品应被警戒，以防止其他人员接近，防止其他动物（包括鸟类等）接触和带毒。特别注意昆虫传播疫情给周围易感动物的危险，如果是蚊蝇、昆虫为传播媒介的疫病，必须考虑实施昆虫控制措施。如果对病死兔及其污染物品处理被延迟，应用有效的消毒药品彻底消毒。

3. 病死兔的运送

（1）堵孔。装车前将病死兔尸体各天然孔用有消毒液的湿纱布、药棉等严密堵塞，勿使黏液、血液等污物流出污染周围环境，造成疫情扩散。

（2）包装。使用密闭、无泄漏、不透水的包装容器或包装材料包裹病死兔尸体。运送车厢和车底不透水，以免粪便、分泌物、血液等污染物流出污染周围环境，造成疫情扩散。

（3）运送。运送车厢内不能装太满，应留出一定空间，以防病死兔尸体膨胀。肉尸装运前不要切割，以防扩大污染面。工作人员携带有效消毒药品和必要消毒工具，随时处理运输途中可能发生的溅溢。运载工具宜缓慢行驶，以防溅溢。运载工具装卸后必须彻底消毒。

4. 处理操作

根据不同的无害化处理方法，严格按照处理规程和设备操作流程进行操作，防止病原污染和意外事件发生。

在病死兔尸体停过的地方用消毒液喷洒消毒。土壤地面必须铲去表层土连同尸体一起运走。运送病死兔尸体的用具、车辆要严格消毒。工作人员用过的手套、衣物、胶鞋等物品必须消毒。

5. 记录与报告

由处理人员负责对病死兔处理情况按照国家规定的养殖档案要求进行记录，记录内容应包括处理时间、死亡原因、处理方法、处理人员、耳标号等。对疑似国家一、二、三类动物疫病的应及时隔离病兔，并立即向场长报告。同时，场方应及时向当地动物疫病预防控制机构报告，按兽医主管部门要求采取隔离、治疗、免疫预防、消毒、无害化处理等综合防治措施，及时控制和扑灭疫情。

第七章　规模兔场的制度化管理

第一节　兔场人员管理

饲养管理人员是兔场管理的核心。建立良好的组织结构，科学合理地设置岗位，设定岗位职责，对于提高兔场运转效率，提高养殖效益十分关键，关系到兔场生产经营的成败。

一、组织结构与岗位设置

1. 某兔场组织结构如图 7 - 1

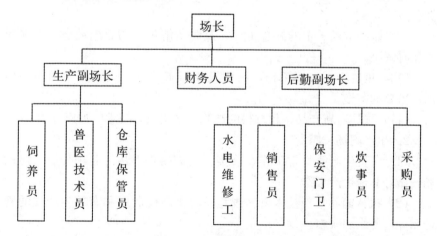

图 7 - 1　某兔场组织结构图

2. 某年出栏 5 万头商品兔兔场岗位设置与编制如下：

场长 1 人、生产副场长 1 人、后勤副场长 1 人、兽医技术员 1 人、饲养员 15 人、水电维修工 1 人、仓库保管员 1 人、保安门卫 1 人、炊事员 1 人、采购员 1 人、销售员 1 人、财务人员 2 人，全场定编合计 27 人。

各兔场可以根据自身规模作适当调整,人员之间可以根据生产经营实际实行兼职。

3. 兔场实行场长负责制,但重要事项应通过场长办公会研究解决。

场长办公会组成人员为:场长、财务负责人、生产副场长、后勤副场长。

二、主要岗位职责

1. 场长职责

(1) 负责兔场整体工作。

(2) 落实和完成全场经济指标和各项任务。

(3) 落实相关管理制度及各项技术规程。

(4) 编排全场的经营生产计划并组织实施。

(5) 监控本场的生产情况和卫生防疫,及时解决出现的问题。

(6) 及时协调各部门之间的工作关系。

(7) 负责全场的生产报表审核工作,并督促做好各种报表。

(8) 负责全场生产线员工技术培训工作,每周或每月主持召开生产例会。

(9) 做好全场员工的思想工作,及时了解员工的思想动态,出现问题及时解决。

(10) 负责场内人事工作,制订人才需求计划,负责人才招聘和培训、考核的实施。

(11) 领导对新产品、新材料的试验、试用及新技术的推广应用。

2. 生产副场长职责

(1) 负责生产线日常工作,落实和完成场长下达的各项任务,协助场长做好其他生产工作。

(2) 执行饲养管理技术操作规程、卫生防疫制度和有关生产线的管理制度,并组织实施。

(3) 制定免疫方案、保健方案、驱虫方案。

(4) 负责生产线饲料、药物等直接成本费用的监控与管理。

(5) 安排配种妊娠组组长、分娩保育组组长、生长育成组组长的工作。协调各组之间生产的顺利进行,及时发现生产上的问题,并提出解决办法,组织实施,解决问题。

(6) 组织生产会议,员工培训。

（7）做好生产线报表工作，进行统计分析。

（8）负责对组长各项生产成绩的考核。

（9）组织实施对新产品、新材料的试验、试用和新技术的推广应用。

3. 兽医技术员职责

（1）负责兔场家兔的防疫、免疫工作。

（2）每天巡视兔场，观察家兔并向饲养员了解家兔的有关情况，做到对兔的病情早发现早治疗。

（3）负责兔场病兔的治疗。

（4）负责监督指导兔场种兔的繁育、配种工作，优选良种。

（5）负责建立保存兔场种兔的档案。

（6）负责监督指导对兔场、兔舍的消毒。

（7）负责监督指导饲养员对家兔用具的消毒。

（8）负责家兔饲料免疫性检查，防止家兔病从口入。

（9）对病兔和死兔进行解剖，研究病因、病症。

（10）负责诊治病兔，并指导饲养员对病兔的日常护理工作。

（11）每天与饲养员沟通，了解掌握种母兔的发情、受孕、临产等情况，提高家兔繁殖的质与量。

（12）定期与饲料输入和加工人员沟通，开发配制适合各种家兔的饲料。

（13）其他应当由兽医技术员负责的工作。

4. 饲养员职责

（1）负责种兔、幼兔、育肥兔的喂养，负责家兔的配种、摸胎和接生，并做好喂养的各项记录。

（2）指导、协助专业清洁员对兔场、兔舍进行清理及消毒，并做好消毒记录。

（3）负责兔舍及家兔用具的消毒。

（4）服从技术员对家兔的防疫、免疫及育种工作的指示和安排。

（5）配合技术员对家兔的防疫、免疫及育种工作。

（6）向技术员汇报家兔的日常情况，提供家兔免疫、防疫的第一手材料。

（7）准确记录所喂养家兔的饲料种类及饲料的添加量和家兔的采食量。

（8）向饲料加工人员反馈饲料的效果，配合饲料加工人员做好各种家兔饲料的开发和利用。

（9）记录家兔异常反应，并及时与技术员沟通，从中发现饲养中家兔的问题，对家兔的疫情做到早发现、早治疗。

（10）应当由饲养员负责的其他工作。

5. 后勤副场长职责

（1）做好生产后勤服务，组织安排销售、采购、仓储、门卫、食堂等的工作，落实和完成场长下达的各项任务，协助场长做好其他生产工作。

（2）根据生产计划安排原料、饲料、兽药、疫苗、用具等的采购，保障生产所需物资及时到位。

（3）根据行情调整种兔、苗兔、育肥兔的销售模式和价格，完成场长下达的销售任务。

（4）负责接待工作。

（5）加强门卫保安管理。

（6）做好其他后勤服务工作。

6. 水电维修工职责

（1）由生产副场长领导，负责兔场全场的水、电的维护，保障生产的顺利进行。

（2）场内兔用饮水、冲洗用水和员工用水的保障，水管道的安装、维修。

（3）场内电路的设计，电器的安装、检修、维修。

（4）水电器材需求的申购。

（5）其他相关设备的维修。

（6）配电房的安全用电。

（7）锅炉房的操作及安全使用及全场的供热。

（8）生活区、生产区的用电安全检查。

7. 仓库保管员职责

（1）由生产副场长领导，听从生产线管理人员技术指导，负责原料、饲料、药物、疫苗、工具等的保存、发放。

（2）对进出物资详细登记、记录。

（3）按照类别、时间分类妥善存放各类物资。

（4）月末盘点物资，并与财务进行核对。账实不符时，要及时查明原因。

（5）仓库内防鼠、防潮、防虫等工作。

（6）协助出纳员及其他管理人员工作。

（7）协助生产线管理人员做好药物保管、发放工作。

（8）协助兔场销售工作。

8．保安门卫员职责

（1）由后勤副场长领导，负责兔场大门的安全检查工作。

（2）清洁室内外卫生（每天上、下午接班时打扫一次），及时清洗大、小消毒池，按量投放消毒药，定期检修消毒设备，定期清扫责任区卫生（每周一次）。遇有因运载饲料车辆而污染路面，要即走即清，保持场道清洁、干净。

（3）外来人员或车辆入场，先要求其人员在门卫处进行登记，消毒室进行15分钟紫外线照射消毒，车辆清洗消毒，值班人员经电话请示有关部门或分管领导批准后方可入场。

（4）晚班值勤人员负责检查生活区内的水电使用情况，周边治安状况，大小门的关闭情况，整理好当天的值班记录。

（5）及时、准确地传递各种信息。

（6）按质完成分公司领导交给的各项临时性任务。

9．炊事员职责

（1）由后勤副场长领导，负责全场员工的伙食准备和外来客人的生活。

（2）重大节日聚餐活动时，负责准备相关伙食。

（3）食堂就餐原料的采购计划申购。

（4）员工就餐登记。

（5）食堂及餐厅的清洁卫生。

（6）协助后勤副场长完成其他相关任务。

10．采购员职责

（1）由后勤副场长领导，负责饲料、药物、疫苗、工具、设备、食堂伙食等物资的采购。

（2）根据申报采购物资联系厂家，确定价格，采购物资，交仓库管理员。

（3）认真执行财务制度和财政纪律，严格遵守审批采购规定（程序），努力做好采购工作。

（4）采购各种物品、工具、器材等应注意节约用钱，本着少花钱多办事的原则，精打细算，反复比较，把好质量关，不买价高质次的商品。

（5）采购要有计划，根据批准的采购单，分别轻重缓急，逐日逐周逐年安排，适时购进，保证供应，未经批准，一律不买。

（6）购入的商品，一律交保管员验收记账后，再分发到各申购部门，做好经手验收手续。

（7）协助后勤副场长做好其他外勤和临时分配工作。

11. 销售员职责

（1）由生产副场长领导，负责全场产品的销售，落实和完成场长下达的各项任务。

（2）掌握市场仔兔、母兔和育肥兔的价格变动趋势，拟定销售价格和销售方案。

（3）根据兔场的存栏出栏情况，向场长提交销售计划。

（4）发展客户，建立客户档案，保持与客户之间的密切联系。

（5）处理销售过程中出现的问题。

（6）做好各项统计报表。

（7）做好其他相关工作。

三、日常考核管理

1. 劳动纪律

（1）遵守作息时间、有事请假、不迟到、不早退，一般应提前 5 分钟到岗。

（2）上班时间不准看小说、杂志等，不准聚坐聊天、玩闹嬉戏、上网。

（3）上班时间除公务外不准随意到生活区，不准携带饮水用具在兔舍内喝水，不准在兔舍内吃零食等。

2. 兔舍环境卫生控制

（1）水线（水桶）冲刷，每周两次。要求洁净，无絮状物、无其他杂质。

（2）笼底板干净，无陈积粪便。

（3）承粪板不得出现剩料、撒料现象。

（4）食槽内无饲料灰、无粪尿、无结块、无发霉变质饲料。听从负责人安排，针对季节变化及本舍实际情况，有计划地进行食槽消毒冲刷。

（5）从产仔到撤产仔箱要保持产仔箱干燥干净，不得出现粪尿陈积而造成脏湿现象。

（6）粪沟在规定时间内定时冲刷。冲刷时做到干净，无残留。

（7）水桶加水时必须有人看管，不得有溢出现象发生。

（8）饮水系统不得出现跑冒滴漏现象。

（9）兔舍走道每天清扫，保持清洁卫生。

（10）舍内不得存放任何物品，保持清洁卫生。

（11）兔舍（工作间）屋顶及各个角落不得有蜘蛛网、灰尘出现。

（12）兔舍、工作间饲料及其他物品摆放有序，整洁卫生。

3．兔舍湿度控制

（1）湿度计放置位置合理，如有缺损及时领用。

（2）使用前在下面的水壶内注入清水，将纱带浸泡在水壶内。

4．兔舍通风控制

每天检查通风情况，确保氨味少，人进入后感觉到舒服，不刺鼻、刺眼即可。

5．粪场、粪池卫生控制

（1）在往粪场堆粪时洒落的兔粪及时清理，并且将粪便倒入指定的发酵池内，发酵池外不得有洒落的粪便。

（2）承粪板如有损坏要及时维修。

6．饲养管理

（1）根据种兔各年龄段及繁育情况或场内饲养管理要求适量添加饲料。

（2）根据仔兔日龄段及实际情况或场内饲养管理要求适量添加饲料。

（3）根据场内配种计划，按要求进度及时配种。

（4）做好配种记录，在规定时间内摸胎，准确预算产仔时间，并提前三天挂好产仔箱，适当添加刨花。

（5）做好种母兔的分娩工作，加强护理，不得出现将仔兔产在笼底板上的现象。

（6）对个别难产的分娩母兔及时使用催产素进行助产。

（7）对产后无乳、哺乳母兔病死或产仔过多者及时适当地采取寄养措施。

（8）做好仔兔的护理工作，每天观察清点仔兔，及时捡出病死兔，并确保窝内垫料适量、卫生，不得出现脏湿或冻死仔兔现象。

（9）仔兔出生 16 日龄后，根据窝内存活数量适量补料。

（10）根据场内对不同季节撤产仔箱的规定，及时撤出产仔箱，并对撤出的产仔箱进行冲刷及火焰消毒。

（11）切实做好料量控制、健康观察、仔兔护理。

7．生产报表管理

（1）报表及时、填写完整、准确无误。

（2）报表数量应与实际数量相符。

8．物资计划管理

（1）及时提报物资计划。

（2）物资到位及时领用。

9．供水设备管理

（1）饮水桶、水线每周冲洗 2 次，不得出现絮状物及其他杂质。

（2）乳头、水线如有损坏及时维修，不得出现跑冒滴漏现象。

10．照明设备管理

（1）在扫电线上的兔毛时、消毒时必须停电操作。

（2）舍内出现线路故障及时上报维修人员进行维修。

（3）灯口、灯泡损坏时及时更换，必须停电操作。

11．储粪设备管理

（1）承粪板固定整齐，如有损坏及时维修。

（2）储粪池内如出现泥沙过多而堵塞，必须及时清理，以保证粪尿分离畅通。

12．笼具管理

（1）笼具损坏及时维修。

（2）笼底板如有损坏及时修补。

（3）塑料笼底板固定合理。

（4）笼门开关灵活，随时关闭。

（5）笼具必须紧固在支架上，以防损坏水嘴、水线。

13．产仔箱管理

（1）产仔箱必须标明舍号，不得混用。

（2）产仔箱如有损坏及时维修。

（3）撤出产仔箱后必须将垫料及时清理，并经冲刷和火焰消毒后存放。

14．料盒管理

（1）料盒不得串舍使用。

（2）料盒如有损坏及时维修。

（3）备用的料盒整齐存放到物料库中，使用时须进行浸泡消毒。

15. 工具器械管理

（1）建立台账，签字确认，离职时必须办理好交接手续。

（2）注意加强维护保养，如有损坏及时维修。

（3）借用时需登记、签字。

（4）丢失后照价赔偿。

16. 饲料管理

（1）使用前必须过筛，粉末饲料妥善保管并及时制粒。

（2）拌料及饲喂过程中严禁撒落，杜绝浪费现象。

（3）空笼中严禁料盒里有以前的剩料。

（4）根据要求定时定量饲喂，料盒中不得发现霉变饲料。

（5）注意观察饲料质量，发现可疑问题及时汇报。

17. 用电管理

（1）节约用电，杜绝浪费，严格按照兔舍用电规定进行操作。

（2）注意安全，根据不同电器设备的操作规程进行操作，不得随意拆装，不得随意私拉乱接，如有损坏或异常现象及时上报进行维修。

18. 用水管理

（1）节约用水，杜绝跑冒滴漏现象。

（2）根据不同季节的用水管理规定控制用水。

19. 饲料袋管理

（1）倒出的饲料袋随时摆放整齐，并按 20 条/捆及时上交入库，上交的数量必须与领用的数量相符。

（2）未经批准不得私自使用。

20. 病死兔处理管理

（1）在规定时间内及时处理，不得因处理不及时造成腐烂现象。

（2）严格按规程处理并做好记录。

21. 其他物资管理

（1）领用时必须开具领料单，并签字确认。

（2）领用后妥善保管。

（3）未办理领用手续，不得擅自动用。

22. 其他应急性工作

必须服从场领导安排的相关应急性工作，并按要求及时完成（如：

防洪、防火、转群、卸兔、加工饲料、挑选种兔、紧急免疫、种菜、降温防暑等)。

第二节　生产组织管理

生产组织计划是获得利润的最关键的问题之一。如果不合理安排管理人员，工作没有条理，没有一丝不苟的作风，没有很好的组织安排计划，工人整天忙碌，也不会获得更多的利润。据对大多数兔场和养兔户的调查，一个饲养员在无计划情况下养 50 只基础母兔便已经是负担极重。近年来一些兔场精心组织劳动计划带来非常明显的经济效益，每一个饲养员从原来饲养几十只基础母兔增加到 100 只都感觉轻松，完全说明生产组织计划能够带来效益。

一、生产组织原则

1. 以一个星期为计划单位，以配种为核心，固定交配日期和断奶日期。

2. 一个详细的记录本，每天记录，每天检查。

3. 每天仔细清扫清洁场所，进行日常操作和检查。

4. 母兔在产后 42 天配种，即 31 天妊娠加上 11 天哺乳共计 6 周。

5. 仔兔断奶时间根据仔兔情况在 28～35 天内进行，即 4～5 周内。

6. 妊娠母兔的摸胎检查在配种后 11～13 天（2 周内）进行。未孕者在 13～15 天（2 周内）补配。

二、记录方法

1. 用表格、木箱、布袋或 Excel 记录，变动内容均应在记录本上反映。

2. 将木箱分为长向 31 格表示每月 31 天（或用布袋）。

3. 木箱竖分为四格代表配种、摸胎、产仔、断奶四项，每列内再分为两格，上格为本月，下格为下月。

4. 每一只母兔均做一个卡片，同时填上耳号、与配公兔、配种日期、摸胎日期、产仔日期、断奶日期。

5. 将母兔卡片所处的生理时期放入木箱相应的格内。

6. 随母兔妊娠情况逐渐每天调整。

记录箱示例见表 7-1。

表 7-1   **记录箱**

项目		1	2	3	4	5	...	...	30	31
配种	本月									
	下月									
摸胎	本月									
	下月									
产仔	本月									
	下月									
断奶	本月									
	下月									

记录箱、袋上的具体情况体现兔群繁殖情况。把兔场中繁杂的工作简单化、条理化。每时每刻只要一清理记录箱，整个兔场的情况一目了然。所有的变动情况均在记录本上，便于每天详细查找问题。

第三节 兔场报表管理

一、报表填报流程

1. 生产报表

生产报表主要包括生产日报表、生产情况周报表、月兔群生产统计表、月饲料使用情况报表、月生产成绩汇总表、月生产成绩分析表、月种兔繁殖统计表等。

2. 报表填报人员职责

负责报表的人员包括各栋兔舍饲养员、组长、技术员、生产副场长、仓库管理员、炊事员、后勤副场长、销售员、采购人员、统计员、场长。

　　饲养员负责统计、记录本栋兔舍当天领用饲料、消耗饲料的类型、数量，剩余饲料的类型、数量，存栏兔的类别、数量，死亡兔的类别、数量和耳号，转入转出兔的类别、数量，产房饲养人员还需负责统计每天分娩母兔的类别、品种、耳号，出生仔兔的品种、数量，每天下班前1小时向组长汇报统计结果。

　　人工授精技术员负责填写引种记录、配种计划表、公兔使用记录、母兔配种记录表，记录当天采精公兔的耳号、采精次数、精液数量、稀释的体积、评定结果、精液使用情况、配种母兔的类别、次数，妊娠母兔的流产等原始资料。

　　兽医技术人员负责清点统计当天领用、消耗的兽药、疫苗、器械等的种类和数量，兔只发病及治疗情况、死亡情况，疫苗免疫记录，抗体检测，并填写消毒记录、免疫记录、治疗用药记录、无害化处理记录、药物添加剂使用记录，报生产副场长审阅。

　　组长负责每天盘查所辖兔舍的转群、出生、死亡兔只情况，监管饲料的领用、消耗情况，本栋兔舍常规兽药的使用情况，并根据饲养员的汇报数据和盘查情况认真填写生产日报表、生产情况周报表、月兔群生产统计表，并报生产副场长审阅。

　　生产副场长负责对组长的生产数据进行复核，检查数据的正确性和完整性，负责做好月生产成绩汇总表、月生产成绩分析表、月种兔繁殖统计表、月兔只出栏统计表、月兔只上市计划表。

　　仓库保管员负责记录当天本仓库内饲料、兽药、食物、材料、器械、工具等物资的入库、出库、损失，并填写报表，每月月底对所有物资进行盘点检查，报送后勤副场长复查。

　　炊事员负责对当天领用的食物进行登记记录，并统计就餐人员，报送后勤副场长。

　　采购人员负责对当天采购的物资种类、数量详细登记，并填写采购报表，报表送后勤副场长审核。

　　后勤副场长负责监督仓储员、炊事员等相关人员物资采购使用情况，并将审核报表送统计员。

　　统计员根据生产副场长和后勤副场长的报表进行审核，检查当天各报表数据是否符合，并录入电脑保存，报送场长。

　　3. 兔场报表流程

兔场报表流程见图7-2。

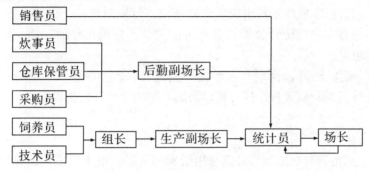

图7-2　兔场报表流程

二、报表的填写

1. 报表填写的内容和形式由场领导集体研究统一制定，各填报人员在填写时严格按照标准准确填写。

2. 报表应及时填报。当天报表必须在当天填写，最迟不晚于第二天将报表递交场长。

3. 填写报表应认真、准确，不允许涂改。

三、报表的审核

1. 兔场报表实行副场长、统计员、场长三级审核。

生产副场长审核生产数据是否与当天生产实际情况相符。

后勤副场长审核食堂和仓储出入数据的可靠性与真实性。

统计员审核当天数据是否一致。

场长对整个报表进行最后的审核。

2. 审核的内容包括报表数据、单位、名称、品种和格式是否符合公司的规定。名称、单位应按照规定填写，数据应真实准确可靠。

3. 凡经审核发现错误的数据，应通知相关人员进一步核实，并根据核实的结果重新填报。

四、报表的统计和分析

1. 统计员应每周对报表数据进行整理和统计分析，并将结果反馈给生产副场长、后勤副场长、销售人员和场长各一份。场长应根据统计结果进行分析，并对目前的生产结构、程序作出相应的调整。

2. 每月 25 号由场长组织生产副场长、后勤副场长、组长、技术员、统计员对数据进行统计分析，召开讨论大会，分析存在的问题，提出相应的解决办法。

3. 每年 12 月份由场长组织生产副场长、后勤副场长、组长、技术员、统计员对数据进行统计分析，为第二年的生产计划提供参考。

五、报表的保存

1. 原始资料根据条件分别采用纸质和（或）电子版填写保存。经场长审核无误的数据一律如实录入电脑，以电子版形式保存。

（1）纸质版要指定专人和专门处所按照时间顺序保存，并注意防潮和防虫。

（2）电子版的文件要与纸质版的数据一致，并保存于安全的存储设备中，并专盘专用。

（3）纸质材料保存 10 年后允许做适当的处理。电子版本永久保存。

2. 报表每隔一年按照时间、类别进行整理，并形成二次文献材料，做好记录。

3. 各类报表

常用的生产报表主要有：生产日报表（表 7 - 2）、生产情况周报表（表 7 - 3）、兔群生产月统计表（表 7 - 4）、饲料使用情况月报表（表 7 - 5）、生产成绩月汇总表（表 7 - 6）、生产成绩月分析表（表 7 - 7）、种兔繁殖月统计表（表 7 - 8）、出栏月统计表（表 7 - 9）、母兔生产记录卡（表 7 - 10）等。

生产日报表

表7-2

日期: 年 月 日

项目		种兔生产组	合计	幼兔组	合计	育肥兔组	合计	总计
上日存笼数								
产仔	产仔窝数							
	产仔数							
	产活仔数							
配种	正常配种							
	返情配种							
死亡	死亡只数							
	死亡重量							
断奶	断奶窝数							
	断奶娲头数							
销售	数量（只）							
	重量（kg）							
转群	转入只数							
	重量（kg）							
	转出只数							
	重量（kg）							
饲料	仔兔料							
	幼兔料							
	育肥兔料							
	母兔料							
	公兔料							
	合计							
	只平耗料							
当日存笼数								

表 7-3

生产情况周报表

年 月 日～ 日（第 周）　　报表人：　　　　填报单位：

日期	配种情况				产仔情况					断奶情况			各类兔死/淘情况						孕母兔损失				兔场	
	断奶母兔	后备母兔	返情母兔	空怀母兔	分娩窝数	合计	产仔数	弱仔数	死胎	产健仔数	断奶窝数	断奶活仔数	基础母兔死淘	后备母兔死淘	种公兔死淘	仔兔死淘	幼兔死淘	育肥兔死淘	返情	流产	空怀	死淘	转入育肥舍	转入幼兔舍
日（ ）																								
一（ ）																								
二（ ）																								
三（ ）																								
四（ ）																								
五（ ）																								
六（ ）																								
合计																								

日期	各类兔存栏情况						基础母兔				兔只销售					重要生产指标								饲料使用情况				
	种公兔	后备母兔	仔兔	幼兔	育肥兔	合计存笼	空怀母兔	哺乳母兔	妊娠母兔	合计	种公兔	后备母兔	育肥兔	幼兔	合计	配种窝均产仔	胎均产仔	基础母兔分娩率	幼兔死淘率	仔兔成活率	幼兔成活率	育成兔成活率	综合成活率	母兔料	公兔料	幼兔料	育肥兔料	青饲料
上周末（ ）																												
日（ ）																												
一（ ）																												
二（ ）																												
三（ ）																												
四（ ）																												
五（ ）																												
六（ ）																												
合计																												

表 7 - 4

兔群生产月统计表

兔场（　　）　　　　　　　　　　　　（　　）年（　　）月兔群生产统计表　　　　　　报表人：　　　　　　单位：只、kg

统计日期：　　年　　月　　日

项目		期初存笼		本期填笼						场内转出		本期出笼						本期死亡		期末存笼		本期增重	耗用饲料
				外部购入		内部调入		场内转入				对外销售		公司内调拨		残次兔淘汰							
		只数	重量	只数	重量	只数	重量	只数	重量	只数	重量	只数	重量	只数	重量	只数	重量	只数	重量	只数	重量		
生产种兔	公兔																						
	母兔																						
后备兔	公兔																						
	母兔																						
种兔小计																							
仔兔																							
幼兔																							
育肥兔																							
总计																							

饲料使用情况月报表

表 7－5　　兔场（　）年（　）月饲料使用情况报表

统计日期：　年　月　日　　填报人：　　　　　　　　单位：kg

品名	规格	期初库存			入库					出库				期末库存		备注
		包数	重量	单价	购入	移入	小计			领用	移出	小计		包数	重量	
							包数	重量	均价			包数	重量			
仔兔料																
小计																
幼兔料																
小计																
育肥兔料																
小计																
种母兔料																
小计																
种公兔料																
小计																
其他																
小计																
合计																

场长：　　　　　　　财务负责人：　　　　　　　仓管：

生产成绩月汇总表

表7-6　月生产成绩汇总表

年 日期	配种数	分娩窝数	总产仔数(只)	仔兔-育肥兔死亡数(只)	净产量(只)	销售只数			
						种 兔	仔 兔	幼 兔	育肥兔
月 日									
月 日									
月 日									
月 日									
月 日									
月 日									
月 日									
月 日									
月 日									
月 日									
月 日									
月 日									
月 日									
月 日									
月 日									
月 日									
月 日									
月 日									
月 日									
月 日									
月 日									
合计									

表 7 - 7　　　　　　　　　　生产成绩月分析表

兔场(　　)年(　　)月生产成绩分析表				
统计日期:　　　年　　　月　　　日				
项　目		数　值	项　目	数　值
繁殖情况	配种胎数		总产仔数	
	分娩窝数		总产活仔数	
	配种分娩率(%)		胎平产仔数	
各类兔只死亡情况	仔兔死亡数		仔兔成活率(%)	
	幼兔死亡数		幼兔成活率(%)	
	育肥兔死亡数		育肥兔成活率(%)	
	仔兔-育肥兔死亡数小计		综合育成率(%)	
	生产母兔死亡数		生产母兔死亡率(%)	
	种公兔死亡数			
	后备种兔死亡数		种兔死亡小计	
种兔淘汰情况	生产母兔淘汰数		生产母兔淘汰率(%)	
	种公兔淘汰数			
	后备种兔淘汰数			
	种兔淘汰数小计			
饲料消耗	仔兔料肉比		育肥兔料肉比	
	幼兔料肉比		全程料肉比	
净产量				

表 7-8 种兔繁殖月统计表

兔场( )年( )月种兔繁殖统计表		
统计日期： 年 月 日		
项 目		数 值
配种情况	正常配种	
	异常配种	
	合计	
分娩窝数		
产仔情况	总产仔数	
	胎平产仔数	
产不合格仔情况	弱仔	
	死胎	
怀孕母兔损失情况	流产	
	死淘	
	合计	
配种分娩率		
下月预产窝数		

表 7-9 出栏月统计表

兔场( )年( )月兔只出栏统计表				
统计时间： 年 月 日				单位:只
	自留	公司内调出	外销	合计
仔兔				
幼兔				
育肥兔				
种兔				
合计				

表 7 - 10　　　　　　　　　　　母兔生产记录卡

母兔生产记录卡				母兔耳号：			
配种日期	与配公兔	胎次	预产日期	产仔日期	产活仔数	记录人

第四节　养殖档案管理

　　根据农业部《畜禽标识和养殖档案管理办法》规定，畜禽养殖场应当建立养殖档案。养殖档案主要记载畜禽的品种、数量、繁殖记录、标识情况、来源和进出场日期；饲料、饲料添加剂等投入品和兽药的来源、名称、使用对象、时间和用量等有关情况；检疫、免疫、监测、消毒情况；畜禽发病、诊疗、死亡和无害化处理情况；畜禽养殖代码以及农业部规定的其他内容。

　　为此，肉兔规模养殖场应明确专人管理，不同岗位人员分别填写。对档案资料实行"日清月结""季度归档"及"年度归档"制度。原则上养殖档案至少保存两年以上。

　　根据农业部有关规定，养殖档案主要有以下几种：

　　1. 生产记录（按日或变动记录）

　　主要用于记录兔的出生、调入、调出、死亡和淘汰情况，按日或变动情况分别进行记录。记录格式见表 7 - 11。

表 7 - 11　　　　　　　　　　　　生产记录

圈舍号	时间	变动情况（数量）				存栏数	备注
		出生	调入	调出	死淘		

注：①圈舍号：填写畜禽饲养的圈、舍、栏的编号或名称。不分圈、舍、栏的此栏不填。

②时间：填写出生、调入、调出和死淘的时间。

③变动情况（数量）：填写出生、调入、调出和死淘的数量。调入的需要在备注栏注明动物检疫合格证明编号，并将检疫证原件粘贴在记录背面。调出的需要在备注栏注明详细的去向。死亡的需要在备注栏注明死亡和淘汰的原因。

④存栏数：填写存栏总数，为上次存栏数和变动数量总和。

2. 饲料、饲料添加剂和兽药使用记录

主要用于记录饲料、饲料添加剂和兽药使用情况，包括产品名称、生产厂家、生产批号、用量及使用时间。记录格式见表 7 - 12。

表 7 - 12　　　　　　　饲料、饲料添加剂和兽药使用记录

开始使用时间	投入产品名称	生产厂家	批号/加工日期	用　量	停止使用时间	备注

注：①养殖场外购的饲料应在备注栏注明原料的组成。

②养殖场自加工的饲料在生产厂家栏填写自加工，并在备注栏写明使用的药物饲料添加剂的详细成分。

3. 消毒记录

主要用于记录兔场消毒情况，包括消毒日期、药物名称、用量、方法等。记录格式见表 7 - 13。

表 7 - 13　　　　　　　　　　　　消毒记录

日期	消毒场所	消毒药名称	用药剂量	消毒方法	操作员签字

注：①日期：填写实施消毒的时间。

②消毒场所：填写圈舍、人员出入通道和附属实物的场所。

③消毒药名称：填写消毒药的化学名称。

④用药剂量：填写消毒药的使用量和使用浓度。

⑤消毒方法：填写熏蒸、喷洒、浸泡、焚烧等。

4. 免疫记录

主要用于记录兔的免疫情况，包括免疫时间、数量、疫苗名称、疫苗生产厂家及批号、免疫方法和剂量等。格式见表 7 - 14。

表 7 - 14　　　　　　　　　　　　免疫记录

时间	圈舍号	存栏数量	免疫数量	疫苗名称	疫苗生产厂家	批号(有效期)	免疫方法	免疫剂量	免疫人员	备注

注：①时间：填实施免疫的时间。

②圈舍号：填写动物饲养的圈、舍、栏的编号或名称。不分圈、舍、栏的此项不填。

③批号：填写疫苗的批号。

④免疫数量：填写同批次免疫畜禽的数量，单位为头、只。

⑤免疫方法：填写免疫的具体方法如喷雾、饮水、滴鼻点眼、注射部位等。

5. 诊疗记录

主要用于记录兔的诊疗情况，包括时间、发病数量、发病原因、用药情况及诊疗结果等。格式见表7-15。

表7-15　　　　　　　　　　　　诊疗记录

时间	耳号	圈舍号	日龄	发病数	病因	诊疗人员	用药名称	用药方法	诊疗结果

注：①耳号：种兔填写耳号，其他兔此栏可不填。

②圈舍号：填写饲养的圈、舍、栏的编号或名称。不分圈、舍、栏的此栏不填。

③诊疗人员：填写作出诊疗结果的单位，如某某动物疫病预防控制中心，执业兽医填写执业兽医的姓名。

④用药名称：填写使用药物的名称。

⑤用药方法：填写药物使用的具体方法，如口服、肌内注射、静脉注射等。

6. 防疫监测记录

主要用于记录动物疫病的监测情况，包括采样时间、数量、监测项目、监测结果及结果处理情况。格式见表7-16。

表7-16　　　　　　　　　　　　防疫监测记录

采样日期	圈舍号	采样数量	监测项目	监测单位	监测结果	处理情况	备注

注：①圈舍号：填写动物饲养的圈、舍、栏的编号或名称。不分圈、舍、栏的此

项不填。

②监测项目：填写具体的内容，如兔瘟免疫抗体监测。

③监测单位：填写实施监测的单位名称，如某某动物疫病预防控制中心。企业自行监测的填写自检。企业委托社会监测机构监测的填写受委托机构的名称。

④监测结果：填写具体的监测结果，如阴性、阳性、抗体效价数等。

⑤处理情况：填写针对监测结果对畜禽采取的处理方法。如针对抗体效价低于正常保护水平，可填写为对畜禽进行重新免疫。

7. 病死畜禽无害化处理记录

主要用于记录病死兔无害化处理情况，包括处理原因、处理方法等。格式见表 7 - 17。

表 7 - 17　　　　　　　　　病死畜禽无害化处理记录

日期	数量	处理或死亡原因	耳号	处理方法	处理责任人	备注

注：①日期：填写病死畜禽无害化处理的日期。

②数量：填写同批次处理的死畜禽的数量，单位为头、只。

③处理或死亡原因：填写实施无害化处理的原因，如染疫、正常死亡、死因不明等。

④耳号：种兔填写耳号，其他兔此栏可不填。

⑤处理方法：填写《病死动物无害化处理技术规范》（GB16548－2006）规定的无害化处理方法。

⑥处理责任人：委托无害化处理场实施无害化处理的填写处理单位名称，由本厂自行实施无害化处理的由实施无害化处理人员签字。

参考文献

[1] 欧阳昌勇. 肉兔规模化健康养殖彩色图册 [M]. 长沙：湖南科学技术出版社，2016.

[2] 陈宗刚，马永昌. 肉用兔 90 天出栏养殖法 [M]. 北京：科学技术文献出版社，2013.

[3] 段栋梁，郭春燕. 肉兔标准化规模养殖技术 [M]. 北京：中国农业科学技术出版社，2013.

[4] 陈宁宁，杨芹芹. 肉兔标准化生产技术 [M]. 石家庄：河北科学技术出版社，2014.

[5] 王永康. 无公害肉兔标准化生产 [M]. 北京：中国农业出版社，2006.

[6] 宋传升，王会珍. 兔病防治问答 [M]. 北京：化学工业出版社，2011.

[7] 鲍国连. 兔病鉴别诊断与防治 [M]. 北京：金盾出版社，2008.

[8] 谷子林. 肉兔健康养殖 400 问 [M]. 北京：中国农业出版社，2007.

[9] 李福昌. 家兔营养 [M]. 北京：中国农业出版社，2009.

[10] 张宏福. 动物营养参数与饲养标准 [M]. 北京：中国农业出版社，2010.

[11] 颜培实. 家畜环境卫生学 [M]. 北京：高等教育出版社，2011.

[12] 庞本，岳喜菊，李国庆. 实用养兔手册 [M]. 郑州：河南科学技术出版社，2009.

图书在版编目（ＣＩＰ）数据

肉兔标准化养殖操作手册 / 欧阳昌勇主编. -- 长沙:湖南科学技术
出版社, 2017.10

（畜禽标准化生产流程管理丛书）

ISBN 978-7-5357-9317-1

Ⅰ. ①肉… Ⅱ. ①欧… Ⅲ. ①肉用兔－饲养管理－标准化－技术
手册 Ⅳ. ①S829.1-65

中国版本图书馆 CIP 数据核字(2017)第 146901 号

畜禽标准化生产流程管理丛书

ROUTU BIAOZHUNHUA YANGZHI CAOZUO SHOUCE

肉兔标准化养殖操作手册

主　　编：欧阳昌勇

责任编辑：李　丹

出版发行：湖南科学技术出版社

社　　址：长沙市湘雅路 276 号

　　　　　http://www.hnstp.com

邮购联系：本社直销科　0731‑84375808

印　　刷：长沙市宏发印刷有限公司

　　　　　（印装质量问题请直接与本厂联系）

厂　　址：长沙市开福区捞刀河苏家凤羽村十五组

邮　　编：410013

版　　次：2017 年 10 月第 1 版第 1 次

开　　本：710mm×1000mm　1/16

印　　张：10.75

书　　号：ISBN 978-7-5357-9317-1

定　　价：26.80 元